LE MONDE
DU GÉOGRAPHE

Références inédites

LE MONDE DU GÉOGRAPHE

Denis Retaillé

PRESSES DE SCIENCES PO

Catalogage Électre-Bibliographie (avec le concours des Services de documentation de la FNSP)

Retaillé, Denis
Le monde du géographe. – Paris : Presses de Sciences Po, 1997. – (Références inédites)
ISBN 2-7246-0718-X

RAMEAU :	géographie : philosophie
DEWEY :	910.1 : Géographie et voyages. Philosophie et théorie de la géographie
Public concerné :	Tout public

Couverture : Emmanuel Le Ngoc

À tout le monde

Table des matières

Chapitre 2

LE LIEU

Variation 2

LE PAYSAGE COMME INTERMÈDE

Chapitre 3

LE TERRITOIRE

Variation 3

L'ÉTAT ET SES IMPLICATIONS GÉOGRAPHIQUES

Chapitre 4

EUROPE

Variation 4

ENSEIGNER L'EUROPE

Chapitre 5

LES DÉCOUPAGES DU MONDE

Variation 5

QUELQUES PROBLÈMES GÉOGRAPHIQUES MONDIAUX

Chapitre 6

L'IMPÉRATIF GÉOGRAPHIQUE,
UN IMPÉRATIF TERRITORIAL

Variation 6

LA VOLONTÉ DE MONDE

Chapitre 7

L'ESPACE LÉGITIME
OU LA CONSCIENCE DES FORMES ÉMERGENTES

Avant-propos

En 1952, deux livres passent inaperçus. L'homme et la terre [1], *d'Éric Dardel, exprime l'inquiétude humaine de l'espace. Il en ressort une géographicité, beaucoup plus liée à l'existence qu'à aucune autre forme de la réalité.* La politique des États et leur géographie [2], *de Jean Gottmann, observe la tension qui gouverne le monde entre le cloisonnement et le mouvement, entre l'ancrage et la circulation. Ces livres étaient de leur temps et pourtant un peu en avance sur l'évolution de la discipline. C'était l'époque où Max Sorre achevait la somme d'une géographie conçue comme une science naturelle et préparait, sans le savoir, le terreau d'une profonde mutation* [3].

Depuis cela, l'implication des sciences dans la cité n'a cessé de grandir. Même la géographie, handicapée par son image scolaire, a été sollicitée dans l'aménagement

1. Éric Dardel, *L'homme et la terre*, Paris, PUF, 1952, réédité CTHS, 1990.
2. Jean Gottmann, *La politique des États et leur géographie*, Paris, Armand Colin, 1952.
3. Max Sorre, *Les fondements de la géographie humaine*, Paris, Armand Colin, 1952.

du territoire comme dans les relations internationales. Heureusement, elle avait progressé sous ces aiguillons, s'était diversifiée et ouverte considérablement, échappant au carcan de l'école et de la reproduction du savoir. Mais les réflexions sur sa nature sociale et politique ou sur les conditions et les limites de sa scientificité sont restées confinées à des cercles restreints. Pis encore, il a été admis que les débats qui s'y conduisaient ne pouvaient qu'être stériles et qu'il fallait attendre une stabilisation des savoirs et la fusion des chapelles, un nouveau classicisme, pour enfin enregistrer les résultats. Pendant ce temps, les poncifs ont toujours cours à l'école comme dans les médias ; les stéréotypes géographiques éculés servent de base aux réflexions les plus pointues sur le monde à venir, selon des discordances étonnantes et même incompréhensibles.

Comment un savoir poussiéreux se reproduit-il comme il a été dessiné, il y a un peu plus de cent ans maintenant, sous la forme d'une paragéographie qui fait florès ? La géopolitique est partout dans la presse ; les atlas en tous genres concurrencent les livres de photos exotiques sur les étalages de Noël. Pourtant, la géographie n'est pas un savoir banal. Elle est même une discipline très affûtée, en équilibre sur la crête qui sépare la philosophie du sujet et la philosophie de la raison, entre ce que je vis et ce que je sais. Encore faut-il accepter de se retourner sur cette posture pour l'apercevoir et en déceler tous les dangers.

Ce livre tente de définir l'objet du géographe que je suis, redevable d'une extrême diversité d'enseignements, ceux de Dardel et de Gottmann, qui sont venus tardivement, et par les livres, appuyer une expérience de chercheur et de professeur. Jean Gallais a encouragé le développement de thèmes décalés de recherche entre Sahara et Sahel et a montré l'exemple de l'indépendance intellectuelle et de la rigueur personnelle. Les étudiants, un peu désappointés en début de formation, sont souvent revenus, plus tard, pour confesser que dans la géographie il y a d'abord de la vie, bien avant les discours, les théories et les leçons apprises.

Entre les territoires du quotidien enregistrant « les lois et médiations qui régissent les rapports des individus et des sociétés aux espaces qu'ils produisent et qu'ils signifient [1] *» et « les plaques humaines immenses et denses [qui ont submergé] l'homme comme individu et sujet, ancien héros et guerrier de la philosophie et de la conscience historique à l'ancienne* [2] *», se glisse donc l'interrogation la plus globale. Liberté ou déterminisme, volonté ou efficacité, comment s'interprètent les faits localisés à la surface de la terre ? Quelle est la nature des lois qui les expliquent : lois de l'homme, lois de la société, lois de la nature physique ? Les mots qui me disent comment connaître désignent le champ de mon expérience et j'en chercherai toujours l'efficacité. Je l'espère du moins, pour conserver cette forme de jeunesse qui est appelée interrogation : il n'est rien de pire que la certitude.*

---

1. Guy Di Méo, *Les territoires du quotidien*, Paris, L'Harmattan, p. 13, 1996.
2. Michel Serres, *Le contrat naturel*, Paris, Flammarion, coll. « Champs », 1990, p. 34.

Figure 1. *Représentation allégorique du monde*

Dessine-moi le monde ! C'est une image allégorique, très chargée de symboles, qui est demandée au géographe. Les cartes qui montrent, qui illustrent, qui prouvent, qui interrogent parfois... assurent cette fonction de représentation, quel que soit leur genre.

Figure 2. *Une carte des « régions mondiales »*

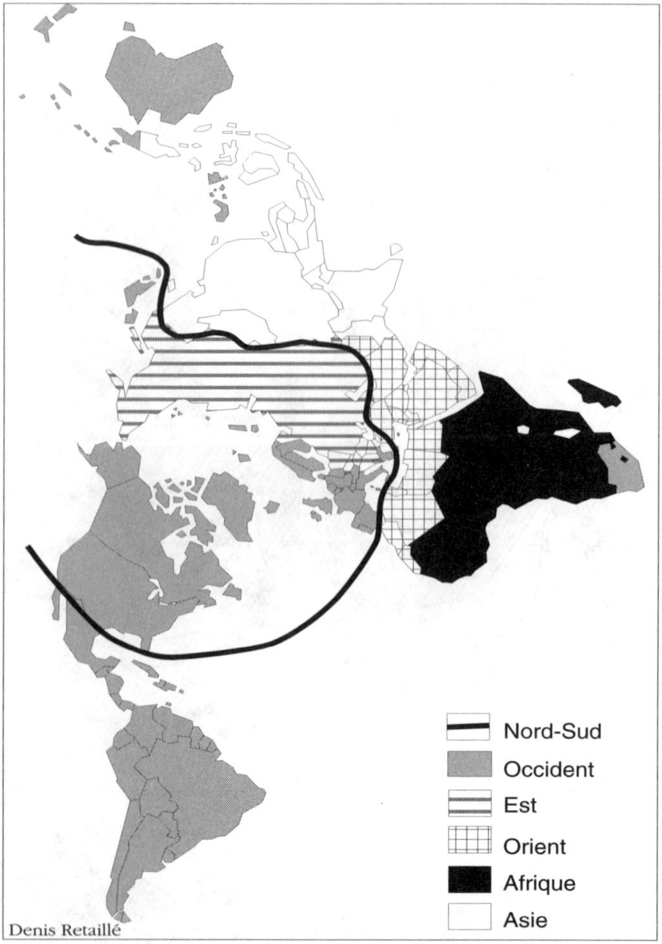

Même savante et fondée sur les arguments les mieux vérifiés, la carte n'en reste pas moins une interprétation et un transfert : chaque localisation confond la place, la forme et la substance en un objet de reconnaissance. Les noms des lieux masquent les acteurs véritables derrière des stéréotypes.

Figure 3. *Tableau résumé du monde*

Monde	27	11	1,7
Afrique	45	16	2,9
Amérique Nord	16	9	0,7
Amérique Sud	31	8	2,3
Asie	28	10	1,8
Europe	13	10	0,3
Océanie	21	8	1,2
ex. U.R.S.S	20	11	0,9

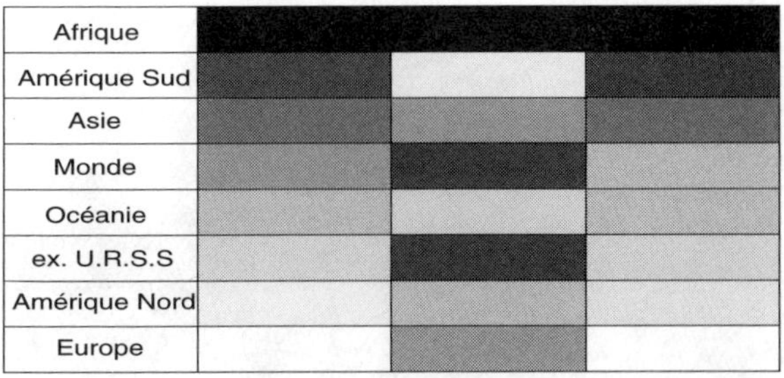

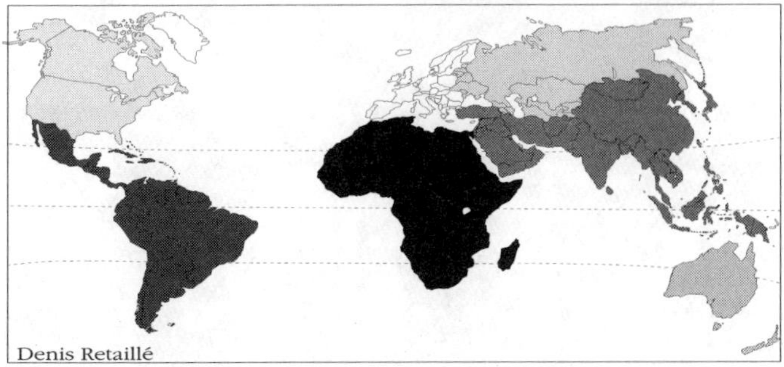

Le tableau dressé n'est pas qu'une œuvre visuelle. C'est aussi une figure cartésienne de classement en lignes et colonnes. Simple ou complexe, il doit informer, mettre en forme. Ce tableau des chiffres de la vie (taux de natalité, col. 1) et de la mort (taux de mortalité, col. 2) selon les lieux résume le monde, d'une certaine façon (accroissement démographique naturel).

Source : *Annuaire de l'ONU.*

Problèmes

> « Ne pas renverser, le monde n'est qu'une caisse. »
>
> Paul Nizan, *Aden, Arabie.*

Qu'est-ce que le monde ? La question semble ridicule. Pourtant, en acceptant de la poser, nous découvrirons la nécessité d'une acception suffisamment sûre et partagée pour autoriser des approches dont les liens sont difficiles à saisir mais dont la cause finale est commune, le monde justement qui serait une fin et non une origine, le monde qui ne serait pas une création mais une tension !

Décrire la terre, compter les hommes et leurs richesses, évaluer l'efficacité des régimes politiques par leur territoire, mesurer les distances qui séparent les signes et les œuvres de la vie, identifier par des lieux, tout cela n'a globalement de sens qu'à la condition de ramener des informations très disparates à une référence unique. Alors le monde s'impose. Ne faut-il pas de tout pour en faire un ? Mais qu'est-ce donc encore une fois ? Et la réponse du géographe est-elle acceptable, à une question qui ne semble légitime que chez un philosophe ou un théologien ? Trop souvent, des lieux communs sont récités, de prétendus repères qui ramènent à l'ordre concret. Le monde tiendrait en quelques traits comme les littoraux entre océans et continents, les fleuves et les montagnes, les pays limités par leurs frontières, les lignes remarquables qui prennent la qualité d'objets : des tropiques, des 45e parallèles, des cercles polaires, un méridien de Greenwich et une ligne de changement de date. Par ces contrées soufflent des vents, chauds ou froids, secs ou humides ; par ces mêmes contrées passent et s'établissent les peuples, en paix ou en guerre, inventifs ou passifs, libres ou captifs de la terre, accrochés aux reliefs, arrêtés en bourrelets face aux immensités marines. Et pour définir le monde, le dessin de quelques coquilles suffit ; le monde, c'est ce qui enveloppe, comme son nom l'indique. La trivialité serait-elle le seul besoin commun des savoirs qui traitent le siècle ? Le monde n'est-il que cette boîte fourre-tout dans laquelle chacun puise à sa mesure ? La réponse, encore une fois, est simple : la terre en est l'unique support et, s'il existe des casiers, la géographie naturelle – comme il existe un droit naturel et même une langue naturelle – est là pour les montrer. Est-ce bien suffisant ? La définition géographique reste-t-elle si réduite ? On le voudrait bien, je crois, pour la sécurité des certitudes, celles qui tournent en rond dans le cercle tautologique. Dès les premières initiations au monde, chacun apprend à se contenter de ce petit peu et à en chercher la matérialité par la terre.

La faculté de nommer et de délimiter n'est pourtant pas innocente. Plusieurs voies sont utilisées. On peut en appeler à la terre et s'attacher aux mots qui décrivent sa nature physique. C'est naturaliser le monde, faire semblant de croire que la surface de la planète porte des glyphes comme une carte. On peut en appeler aux hommes, aux sociétés : c'est donner au même monde une histoire universelle qui n'est souvent qu'un mauvais condensé d'histoires particulières, singulièrement dangereuses quand elles prétendent retrouver « ce qui était écrit », comme par exemple les limites des terres promises. Il faut être bien naïf pour croire qu'un monde est partagé selon le principe simple de la somme. Les objets hétéroclites créés par des disciplines et des écoles de pensée, qui émergent encore plus souvent de la spontanéité de la vie que de la « science », sont difficilement compatibles. D'autant que les fonds culturels qui sont leur terreau sont fort divers. Des économies sont ajoutées à des cultures, des organisations politiques superposées à des sociétés, tout cela dans des territoires qui permettent un classement. L'universalité tiendrait-elle dans la territorialité ? C'est peut-être le départ d'une réponse à notre question. Mais alors le monde ne serait qu'une juxtaposition doublée d'une superposition ? L'idée traîne que des liens verticaux et horizontaux croisés donnent aux objets géographiques leur double cohésion d'extension et de substance. Être géographe serait alors partir à la découverte de ces unités à deux dimensions et le monde en serait la forme la plus englobante comme somme en même temps que la référence absolue comme fin.

Découvrir des formes, que l'on dira émergentes, à force d'analyses et non plus seulement d'explorations de ce qui est là plus ou moins accessible, constitue un progrès de l'intelligence. Il y faut des comptes et des modélisations complétant ou remplaçant les itinéraires physiques du marcheur ou du navigateur. Par cet effort, le recul et l'abstraction rendent réels des faits invisibles. Des pentes apparaissent qui sont des gradients de densité ou d'intensité, comme les *belts* agricoles américains (qui n'existent plus d'ailleurs), des axes, comme le lien de l'Amérique du Sud à la latinité européenne ou des modes de localisation, comme les mégalopoles. C'est un progrès dans la mesure où les objets sont les résultats d'une observation doublée d'une réflexion. Cette recherche dépasse la spontanéité ou la volonté, elle suit des phénomènes pour en reconnaître la forme et la disposition. Mais elle ne résout pas la question des choses qui sont données d'abord par l'usage ou le savoir commun. Et pour finir, toujours, un nom est donné à ces objets de connaissance, souvent un nom propre : Amérique latine, Mégalopolis, *Cotton Belt*. Leur statut s'en trouve transformé pour rejoindre les objets naturalisés qui sont versés dans le corpus du savoir commun. Leur mode d'apparition est oublié, passé sous silence, bien que l'essentiel de leur naissance soit dû à l'utilisation d'un outil spécifique d'observation ou au choix d'un critère majeur dont la légitimité devient immédiatement suspecte. Dans tous les cas, le nominalisme est actif, malgré le réalisme et la science. C'est qu'une confusion subsiste, ici, entre le géographique et le spatial. Le progrès scientifique, en géographie, a porté incontestablement sur les formes. Après une longue période de classements externes d'objets, l'examen des fonctions et des processus liés à ces formes a permis des généralisations renouvelant la discipline, des classements nouveaux fondés sur la fonctionnalité plutôt que sur la morphologie, donc l'apparence. C'était la fin du totalitarisme de l'œil, pour reprendre le mot de Claude Raffestin. Mais une attention suffisante a-t-elle été portée aux substances dont les dispositions spatiales ont été observées et mesurées ? Non, sans doute, lorsque aucune réflexion approfondie n'a encore abordé les manières variables dont s'expriment les distances selon les cultures (c'est une remarque très ordinaire) mais aussi selon les phénomènes. Il n'est pas possible de traiter un réseau comme un territoire, pas possible de ramener la valeur au coût, pas possible de mettre en classes les continuums.

Pourtant, faire de la géographie se réduit souvent à nommer en attachant le nom à la limite d'un phénomène. La conception la plus courante du monde s'en ressent, même après la pratique d'une discipline scientifique qui tente de se dégager des savoirs communs. C'est que, du savoir commun, un champ a été négligé, la culture. Le savoir commun, lui-même, a d'ailleurs tendance à expulser cette racine en naturalisant l'histoire ou en privilégiant l'apparence comptable comme critère d'évaluation. Or seules les choses matérielles se mesurent ainsi et une dérive a bouclé la définition du monde. Je crois qu'à trop chercher une chose, la confusion s'est installée entre la matérialité et l'être, puis entre l'être et l'essence. En traitant de choses immédiates à la vie des hommes, en traitant des hommes eux-mêmes dans leur vie, il ne semble pas très judicieux d'éliminer le sujet sous prétexte qu'il devient objet (d'étude). Et il ne suffit pas de dire que la géographie est devenue une science sociale pour se dédouaner d'une épistémologie critique. Une définition géographique du monde ne peut se passer de lever les implicites philosophiques ou théologiques, de frôler au moins les premières questions, celles qui restent sans réponse, et qui, par défaut, conduisent parfois à d'insensées spéculations.

Il est courant de dire que les lieux ont du génie et parfois même une mémoire : disons plutôt que nous les leur prêtons. Il faudra savoir pourquoi et dire quelle utilité nous trouvons à cette figure rhétorique qui s'impose parfois comme une vérité forte. La même magie transforme les territoires. Dans la couleur des sols, dans le dessin des côtes et des reliefs sont devinés les destins et fixées les valeurs. Et la terre elle-même a été la base d'innombrables interprétations ésotériques puisque, comme monde intermédiaire entre l'enfer et les cieux, elle devait porter un ordre en rapport avec les stades ou les degrés de l'existence. Cette recherche est présente dans toutes les traditions culturelles, dans la *Divine Comédie* de Dante tout comme dans les *gunas* hindous. Deux lignes cardinales organisent le cosmos, la verticale entre l'enfer et le ciel et l'horizontale à la surface de la terre. Le croisement des deux définit le centre cosmique selon le temps et selon l'espace. Cela pourrait-il être Jérusalem, comme l'avance Dante, ou la colline de Sion, réservoir des eaux célestes d'où divergent les quatre fleuves du *Pardes* distribuant les secteurs du monde, selon la tradition hébraïque. Aujourd'hui, toujours, des géomancies guident les hommes, constructeurs de temples et de maisons, traceurs de champs et de chemins, à la recherche de l'énergie ou de l'harmonie : dans l'exploration de la terre, il n'a pas été question que de richesses à inventorier mais aussi de ce mystère à percer de l'ordre de la création ; la géographie naissante ne s'est pas toujours bien dégagée de cette attente, le symbolisme des orientations restant marqué par les usages métaphoriques. L'Orient, c'est ce que l'on a devant soi. Alors le Nord est à gauche (*shemôl* en hébreu, *shimâl* en arabe), le Sud est à droite (*dakshina* en sanscrit). Mais le sens de l'histoire est à l'ouest, puisque c'est l'orientation du temps qui passe. Jusqu'à Hegel compris, la terre porte les signes d'une détermination supérieure qu'il s'agisse de Dieu, de la Nature ou de l'Esprit. Il n'est pas dit, d'ailleurs, que l'espace de la science géographique moderne n'obéisse pas à quelques règles aussi mystérieuses que les forces naturelles cachées. Et l'on retiendra tout particulièrement l'idée d'une intersection des plans verticaux et horizontaux définissant l'être. Le symbole de la croix en quelque sorte, ou bien encore le temps suspendu cristallisé par la rencontre d'un être et du domaine de sa manifestation, ce milieu prouvant l'existence par la matérialité et par les sens. Elle est bien faible, cependant, cette idée que la preuve de l'Être tient dans une manifestation qui pourrait n'être qu'une apparence, voire une construction largement dépendante de l'observateur.

C'est cette autre voie qui est proposée ici. Parce qu'en attendant la fin qui éclaire ou qui anéantit, il faut bien vivre et pour cela s'orienter sans trop délirer. C'est vrai pour l'individu répliqué au multiple, autant que pour les collectifs humains. Abandonnant la tentative d'une revue du monde et de l'illusoire exhaustivité d'une définition par la limite qui cerne l'objet, mais laissant aussi de côté les associations ésotériques, qu'elles procèdent d'une initiation au secret du cosmos ou à celui de la statistique localisée multivariée, je préfère confondre les différentes formulations de la question, philosophique, théologique et géographique, en suivant une proposition simple : le monde n'est pas une chose qu'un savoir peut révéler, il n'est pas un signe matérialisé, mais une propriété phénoménologique, celle d'englober. L'englobement est beaucoup plus idéel que matériel, exprimant une phénoménologie de la conscience très productive en intelligence. Inutile désormais de poursuivre des chimères : le monde est horizon, insaisissable sinon comme idéalité. De ce moment, la connaissance se distingue de toute forme d'ésotérisme, elle n'est plus la solution d'un mystère qu'il faudrait lever mais une tension dans le vieux couple de la valeur et de la loi. Elle se distingue aussi de la science, en tout cas de la science positive en ne négligeant pas de comprendre le poids très lourd de la culture dans le savoir. Or un basculement s'est produit, que l'on peut dater de l'achèvement des découvertes de la terre.

Tant qu'il est resté des *terrae incognitae*, la spéculation était possible et les géographes explorateurs correspondaient avec les philosophes. Le tour étant bouclé, l'inquiétude des antipodes étant levée après celle de l'océan primordial, le monde a pris la consistance de la matérialité, celle des continents et des océans, des pays, des villes et des routes. Et l'idéalité arrêtée a rendu possible son invention. Les parallèles et les méridiens ont remplacé les traces portées sur la terre de l'alignement des constellations et les figures ésotériques dessinées par les chamanes, les kabbalistes, les reproducteurs inspirés de *mandala* et tous initiés aux choses mystérieuses. Pourtant, des dispositions antérieures et quelques mythes sont restés en place. De la terre promise à l'inégalité naturelle des destins, ils encombrent un texte qui prend des allures scientifiques par la forme mais dont les équations fondamentales sont toujours construites autour de l'idée, métaphysique entre toutes, de l'équilibre, quand ce n'est pas de l'harmonie. Ce livre veut partir à la recherche d'une liaison encore actuelle de la métaphysique et de la science, là où s'invente le monde, tantôt comme création, tantôt comme découverte et, plus souvent, les deux réunis. Non qu'il s'agisse de pourchasser la pollution de la science par le charlatanisme. Ce serait trop simple et les anathèmes faciles voleraient bas. Le désenchantement de la science géographique comme le désenchantement du monde proviennent de l'historicité fondamentale de l'objet central et finalement d'un inévitable cynisme méthodologique devant une réalité indécidable. Jusqu'au moment où l'impératif moral refait surface, secoué par le spectacle du monde. Il n'est pas si facile d'opposer Hermès le constructeur et Dionysos le destructeur [1].

La contemplation autant que la raison peuvent naître de l'observation. Mais, devant le monde, deux attitudes

---

1. Paul Caro, *La roue des sciences, du savant à la société, les itinéraires de la connaissance*, Paris, Albin Michel, 1993.

sont possibles. L'une, notariale, dresse l'inventaire de ce qui est là, classe en fixant les prix ; l'autre, plus symbolique, plus imaginative aussi, s'élève dans une représentation dont les valeurs ne sont pas très sûres. C'est l'usage immédiat face au détachement, l'un et l'autre pouvant conduire à l'accomplissement de soi. La deuxième voie est cependant plus hasardeuse. « Et les hommes vont admirer les cimes des monts, les vagues de la mer, le vaste cours des fleuves, le circuit de l'océan et le mouvement des astres et ils s'oublient eux-mêmes. » (Saint Augustin, *Confessions.*) Là, il est possible qu'aucune rencontre ne certifie la présence finale du monde, éteignant toute forme d'identité essentielle en la ramenant à la simple existence. Mais il est possible aussi que l'autre prenne une grande consistance intellectuelle et circonstancielle. On l'appellera « monde » parce qu'il nous entoure. N'allons pas croire cependant que la science se trouve seulement dans les nombres et la métaphysique dans l'intuition ou l'imaginaire [1]. C'est d'ailleurs souvent l'inverse et ce n'est pas antinomique. Entre les deux, une forme de droit fixe les bornes de l'acceptable et du nécessaire. Nous l'appellerons conscience morale.

C'est le mérite de Kant, dans le troisième article définitif en vue de la paix perpétuelle, de lier la vision et le calcul en un seul argument cosmopolitique, la nécessité du droit surpassant une philanthropie insuffisante. Au regard du monde, elle propose quelques principes fondamentaux comme l'unité ou la solidarité, défis à la pensée comme déjà à l'expérience. Dans cette ligne, la finalité de la science qui n'est pas directement législatrice, contrairement à l'idéologie ou à la religion, c'est d'éclairer en rapprochant. Il me semble que la géographie n'a

1. Jean-Marc Lévy-Leblond, *La pierre de touche. La science à l'épreuve*, Paris, Gallimard, coll. « Folio-Essais », 1996.

fait que cela de son objet : le rendre familier en le rendant visible et si possible intelligible mais sans évacuer quelques interrogations autour de la liberté et de la détermination, de l'équilibre et de la fin. Pourquoi ne pas le dire en traitant au fond cette part de notre savoir, en traquant particulièrement les innombrables présupposés culturels qui en sont une des matières ? En géographie, ils portent sur l'évaluation de la distance. Mieux même, ils conditionnent une question première : « Y a-t-il de la distance ? », précédant la question « Où ? » qui suppose réglée l'existence par la localisation.

La différence et la distance existent sur la terre et dans la vie ; la différence et la distance s'insinuent dans la coprésence fondamentale au monde. L'opacité règne-t-elle d'abord ? Alors le repérage est une première forme de connaissance, presque suffisante, qui donne à chacun sa place. C'est même une reconnaissance puisque les désignations locales sont reçues, parfois détournées : Congo, Niger, ethnonymes et hydronymes utilisés pour l'identification de territoires qui n'ont pas grand-chose à voir avec eux ; au pis et au besoin un nom de baptême peut être forgé par l'inventeur, selon la circonstance, comme Louisiane ou Rhodésie, des patronymes pour des territoires patrimoines. Cette activité de nomination continue de nos jours : l'Arc Atlantique, la Krajina, l'Asie-Pacifique ont pris récemment des majuscules. C'est toujours un geste intéressé, un besoin d'affirmation, un besoin de la reconnaissance des autres qui tablent sur la nécessaire affectation pour exister : tous les lieux sont à la fois position dans le système des coordonnées et objet localisé. La reconnaissance porte sur les deux aspects et fait faussement de la question « Où ? » la première question de la géographie.

La commune présence humaine à la surface de la terre qui peut être élargie aux règnes vivants, et l'impossibilité d'occuper tous le même site, désignent l'objet de la géographie naturelle qui fait aussi l'objet des mesures et des règles : la distance qui est la relation entre l'unité et la différence. Avant que se pose la question « Où ? », à quoi l'on réduit souvent l'activité géographique déviée par intérêt, se pose donc cette question première : « Y a-t-il de la distance ? » Une réponse négative définit une unité, nous dirons un lieu ; une réponse positive désigne un intervalle et, partant, le premier rudiment de l'espace. Que savons-nous de ce qui les fait ? Comment s'impose la limite qui cerne et oppose en contiguïté ? Que savons-nous de la distance ? Comment se mesure-t-elle ? Quels sont la valeur et le sens des écarts ? La topographie terrestre est bien commode dans ces évaluations, mais cela ne va pas sans litige sinon dans les vides. Quand personne ne peut plus déplacer sa tente pour prendre possession d'une *terra nullius* parce que la proximité et la densité sont partout une contrainte, une nouvelle alliance qu'il faut inventer en appelle à la capacité d'écrire une autre géographie qui ne s'attache plus seulement à la terre et à la surface topographique, qui ne prétend plus légiférer sur les découpages et qui sera fondée sur d'autres mesures que celle de la mécanique. L'abolition de certaines distances n'annonce pas la fin de la géographie mais une mutation profonde dans la nature même de la relation aux autres et de la relation au monde.

Empreinte d'expériences de géographie spontanée, la science géographique se dégage péniblement de vieilles habitudes qui l'ont maintenue dans la description. Tant que n'a pas été achevée la découverte de la Terre, elle a été un inventaire et une mesure de la planète, de ses richesses localisées, liée à la cartographie. C'est ainsi que fut progressivement levé le mystère, établie une nomenclature dont, par la suite, personne ne revint. L'Amérique baptisée en 1507 est légitime, le succès du concept en est la preuve *a posteriori*. Mais est-elle disposée selon un axe nord-sud qui lui donne son unité ou selon deux axes est-ouest qui la relient à l'Europe et la séparent en deux « sous-continents » ? L'Europe, elle-même foyer d'invention du monde, est-elle bien un « être » géographique ? La liste de telles interrogations d'identité pourrait être longue. Alors, aujourd'hui, quand la « caisse » semble pleine, un tri nouveau s'impose selon d'autres règles que celles qui étaient fixées depuis les grandes navigations et la définition des continents ou depuis que la guerre existe et que le territoire sert de support à l'identité des groupes humains. C'est ce qui est essayé, ici, sans jamais perdre de vue que la légitimité de l'identité géographique (l'unité et la différence) réside dans l'opérationnalité des catégories inventées, disons des lieux définis, à la fois pour l'individu et pour le groupe, pour le groupe et pour la société, pour la société et pour la communauté humaine. La définition de tels lieux relève d'une rencontre entre la détermination et la liberté ; leur découverte se mue en invention lorsque l'intention débouche sur l'efficacité. C'est ainsi que je vois l'opération géographique qui consiste à essayer des dessins successifs de la surface terrestre comme monde des hommes, dépassant la limite de la planète par l'infinité des combinaisons possibles, sans jamais atteindre la forme définitive, celle qui est vraie, et qui reproduirait sur la terre, dans les localisations, le dessein d'un monde idéal dont on ne sait rien.

La conscience humaine émerge quand le temps accède à la simplicité qui le supprime [1]. La fin est son ancre et le temps se construit par remontée jusqu'à rejoindre la mémoire dans le présent qui est vécu comme une char-

1. Georges Bataille, *Le coupable*, [1941], *Œuvres complètes V*, Paris, Gallimard, 1973.

nière. Mais alors que nous avons conscience du temps, notre conscience ne sait rien de l'espace sinon que la distance sépare [1]. Passer l'horizon borné et voir le monde d'un seul regard qui ne peut être porté par le sens physique relève bien du défi, à la fois icarien et prométhéen. Un savoir s'est constitué là, qui ne pouvait être simple récit d'exploration, une forme d'histoire et parfois de conte, mais l'a été en partie par son caractère édifiant. Tout comme les voyages forment la jeunesse, la géographie a contribué au déchiffrement du monde. Cette écriture, qui a longtemps tenu de l'astrologie, un peu comme les mathématiques cryptiques servent à la divination, s'est systématisée en suivant le courant de l'histoire naturelle. La description ordonnée, le classement des choses selon leur place, leur forme et leur taille a constitué le corpus initial. Il n'est pas définitif parce qu'il s'invente sans cesse de nouvelles dispositions et les découvrir constitue tantôt un progrès de la connaissance, tantôt une simple mise à jour. Mais le mouvement historique qui les porte est chargé d'une valeur spécifique liée à la modalité de notre conscience, ici où s'est imposée une vision universelle du monde : la supériorité de la fin. Avec le progrès de la connaissance par l'accès à la diversité du monde, le rapport de la croyance et du savoir s'est brouillé. Une illusion s'est installée qui laisse croire que l'universalité européenne est affranchie de la culture. C'est que l'abstraction des représentations du monde et de la terre dont les Européens se sont dotés a été d'une redoutable efficacité. Elle a simplement permis la conquête de la terre en faisant de chaque lieu un lieu égal à tout autre, déchargé de ses charmes, et a pesé désormais par sa contribution à la complémentarité globale.

---

1. Paul Zumthor, *La mesure du monde*, Paris, Le Seuil, 1993.

Un effet de retour s'est fait sentir. La découverte de la terre qui se voulait démarche de raison a emporté dans son mouvement l'image d'un monde fini et quadrillé qui mine la foi par le désenchantement, y compris la foi dans le progrès. L'objectivation jusqu'à la matérialisation de la réponse à la question « Qu'est-ce que le monde ? » a singulièrement limité le champ des possibles. Et bien que des valeurs optimistes aient servi de base à l'écriture de la terre et du monde, la mesure en a été une déviation presque cynique. L'invention européenne du monde a tissé un filet qui croise l'intention de s'accomplir de chacun, aventurier par procuration, et la contrainte que représente l'existence de l'autre, animé ou non. Il y avait là une tension créatrice dès les « grandes découvertes ». Elles ont, par les nécessaires inventions géographiques qui les résolvaient, éloigné le nouveau monde des certitudes bien établies qui dataient de la généalogie de Noé et de ses fils, pour notre tradition au moins. Avec les grandes découvertes, avec le dépassement des limites de la communication entre les groupes déjà connus, les identités n'ont plus été fixées et réglées dans le passé, ou dans un passé, mais ont dû s'attacher à la rencontre renouvelée de l'autre, le nécessaire basculement de l'histoire ou du mythe vers le futur à inventer par le présent à vivre. C'est une leçon qui n'a pas été vraiment retenue.

Aujourd'hui, de plus en plus, dans une nouvelle relation au monde caractérisée par l'instantanéité, l'idéalité de la conscience devient nécessaire comme passage à l'intelligence, en remplacement de la mémoire figée. La terre n'est pas là, ni même la nature, ni l'humanité mais seulement d'infimes parcelles, des circonstances singulières, des expériences objectives qui ne peuvent se développer et s'étendre que dans l'esprit du sujet et que nous pouvons appeler « trajet » [1]. Or, ce qui m'intéresse en géographie, c'est la relation concrète des hommes entre eux et des hommes avec la nature dans leur manière de régler les distances, de reconnaître l'unité ou la différence, le proche et le lointain ; c'est la rencontre de la subjectivité de l'intérieur et de l'objectivité de l'extérieur, la rencontre des grandeurs intensives, non mesurables que sont les valeurs et des grandeurs extensives, extérieures et mesurables, comme aurait dit Bergson [2]. Je crois que c'est cela l'invention du monde. L'arrivée à la conscience par l'objectivité médiatrice de ce qui nous entoure. Mais il s'agit bien de la conscience de soi et non de la conscience du monde qui n'est qu'application de la conscience de soi aux circonstances et à la connaissance lorsque l'expérience est accumulée. Pourtant, la prise directe de la subjectivité de l'intérieur et de l'objectivité de l'extérieur est rare. La « tribu », qu'il s'agisse de la famille ou d'une forme quelconque de communauté, s'interpose comme un monde intermédiaire dans lequel le droit dont je parlais plus haut procède de ce que l'on appelle l'authenticité, c'est-à-dire d'un passé mythifié, le plus souvent généalogique. Dans cette droite ligne, la « civilisation » ou la « culture » se présentent comme des entités de dimension mondiale, dans lesquelles se construisent des représentations d'un ordre double, matériel et idéel. Dans ces deux niveaux, l'identité est antérieure et mal adaptée au mouvement, au futur.

Tout compte fait, grossièrement, les options sont peu nombreuses. Ou bien la définition du monde est expli-

---

1. Pour reprendre en déviation le mot d'Augustin Berque, *Être humain sur la terre*, Paris, Gallimard, 1996.

2. Henri Bergson, *Essai sur les données immédiates de la conscience*, [1889], dans *Œuvres*, Paris, PUF, 1959, réédition 1984.

citement ethnocentrée et il lui manque l'efficacité face à la nouveauté constante des relations tissées ; ou bien la définition du monde est implicite, en fait non problématisée, et l'abstraction d'une surface de transport suffit à établir des règles de localisation universelles mais coupées de leur origine culturelle et des conditions de définition de l'universalité. L'une comme l'autre sont idéologiques. N'y aurait-il donc pas de bonne position ?

Se limiter à ce choix serait négliger une autre forme possible de rapport au monde, celle par laquelle le droit vient du politique et non de l'idéologie ou de la science, quand il existe un sentiment partagé de ce qui est acceptable, juste ou équitable, quand le contrat engage la responsabilité de chacun : c'est la société qui le permet. On sait les dégâts provoqués par la détermination scientifique de ce que doit être une société. Il ne s'agit pas de suivre ces traces. Mais nous connaissons aussi des exemples partiels de sociétés qui fonctionnent comme médium de l'individu au monde : ce sont les sociétés politiques. Toutes ne se définissent pas par l'adhésion, et les arguments renvoyés de Renan à Fichte restent pertinents [1]. Malgré tout, la société politique existe et l'arbitrage y occupe une place fondamentale. Ceci n'étant vrai que pour les relations internes. À la dimension du monde, l'identité est plus souvent proclamée par la communauté et une vraie société politique contractuelle se désignera comme communauté nationale face à l'étranger, l'exemple de la France étant le plus patent. La Constitution n'y reconnaît pas l'existence politique des communautés, l'identité française est étrangère à

1. Ernest Renan, *Qu'est-ce qu'une nation ?* [1882], et autres essais, suivis de Johann Gottlieb Fichte, *Discours à la nation allemande* [1807], textes choisis et présentés par Joël Roman, Paris, Presses Pocket, coll. « Agora », 1992.

cette détermination, et pourtant le vocabulaire est là, jusqu'à rendre possible la désignation de « Français de souche ». Les contradictions et les approximations n'ont jamais fait peur aux idéologues. Rousseau avait raison et la vieille habitude prévaut de traiter les relations entre les sociétés comme des relations à l'état de nature, la guerre de chacun contre tous.

Dans la compréhension du monde qui est tentée ici, nous essaierons de retrouver pourquoi cette attitude subsiste, alors que les prémices d'une société-monde existent déjà. Les paliers de la conscience définis par Rousseau dans les premières pages de la deuxième partie du *Discours sur l'inégalité* s'appliquent au monde et plus seulement au groupe de proximité. Il s'agit, on se le rappelle, de montrer le passage de la conscience de l'existence à celle de l'environnement qui permet les premiers classements et des rapprochements d'affinité ou de commodité avant d'arriver à l'organisation de la société et au droit qui dépassent les conditions de la nature. Pour pousser au-delà, le problème de l'unité générale et d'un droit universel n'est peut-être qu'une simple question d'outillage intellectuel. Les Géographies Universelles, qui sont une spécialité française, n'ont pas contribué à le forger : elles aussi découpent pour classer. Les découpages, les modules de description de l'information ont été pris pour une naturalité : d'une discipline de pensée à l'autre, seuls les résultats sont empruntés, les précautions du transfert étant rarement prises. La part des outils dans la facture des objets sculptés n'a pas été évaluée. L'abstraction de l'espace, par exemple, est restée confinée à la définition d'une surface physique, plane en géographie dite théorique, agitée de reliefs et de climats dans la géographie dite empirique ou descriptive. Mais la géométrie euclidienne est insuffisante dans l'une comme dans l'autre. Et s'il existe des règles physiques dans le monde, que ce soit celle de la distance ou celle de la vie, ces règles ne reçoivent jamais de formulations que culturelles et historiques, qui rendent nécessaire l'identification des systèmes de reproduction sociale. Si découpages il y a, ils sont de ce côté.

Qu'est-ce que le monde ? Une découverte. Dans la variété des discours théologiques et philosophiques, la matérialité revient sans cesse, singulièrement celle de la terre que décrit le géographe. Un géographe comme en rencontre le Petit Prince ne relevant que les choses éternelles. Tous les lieux de la terre formeraient ensemble le monde. Leurs noms seraient-ils déjà écrits ? Derrière la question de l'essence, un nominalisme fondamental se cache qui en appelle à l'évidence : la géographie. C'est ce tour de passe-passe qu'il faut éclaircir, la transformation de la terre en monde et la naturalisation des sociétés comme pour exorciser la crainte fondamentale de l'éphémère adossé au néant [1].

---

1. Baghat Elnadi, Adel Rifaat, « À la poursuite de l'éphémère », *Le Courrier de l'Unesco*, décembre 1996.

Chapitre 1

Découvrir et nommer : inventer [1]

> « L'homme [est créé] pour considérer et contempler des yeux de l'entendement la disposition du monde universel. »
>
> Cicéron, cité en page de garde du *Théâtre de l'Univers d'Ortelius*, 1547, ancêtre des Atlas.

Faire de la géographie est une activité spontanée que chacun pratique. Parce qu'il nous faut bien établir des itinéraires de déplacement, reconnaître les lieux et leur qualité, les joindre, nous notons des directions, des distances, nous jugeons du faisable ou de l'infaisable, nous imaginons, nous anticipons, nous rêvons parfois devant le spectacle des images rapportées. Et nous sélectionnons ces lieux, au jour, à la semaine, à l'année et à la vie pour une simple visite de curiosité, pour une installation ou pour un rêve. Même l'utopie est un lieu.

1. Bernard Debarbieux, « Découverte et invention de nouveaux mondes : la part de la recherche et la part de l'imaginaire », *Sciences humaines*, hors série, 1993.

Localiser égale réaliser l'utopie

Rien de ce qui existe ou pourrait exister n'échappe à l'obligation de localisation. Plus encore, la localisation est la condition de l'existence, la preuve première, même si les pistes sont soigneusement brouillées. Raphaël Hythlodée, compagnon d'Americ Vespuce dans *L'Utopie*, la fiction de Thomas More, oublie de mentionner toutes possibilités de localiser avec précision mais utilise des références réalistes pour un nouveau monde des antipodes qui convient à l'expérience décrite [1]. Les mêmes dispositions sont prises par Francis Bacon décrivant *La nouvelle Atlantide* d'où on ne revient pas [2]. Platon lui-même avait assigné un lieu non localisé, l'*Atlantide*, à une civilisation accomplie puis oubliée, un ancien monde [3]. Et avant lui, Homère raconte comment Ulysse avait été jeté par la tempête sur le rivage de l'île des Phéaciens, la première *Utopie* de notre tradition écrite, sans pouvoir donc la resituer.

Les paradis d'aujourd'hui sont plutôt fiscaux ou touristiques que politiques. Ce sont souvent des îles, encore, ou des rochers. Une géographie des correspondances y verrait bien un déterminisme, un génie ou un maléfice. La prudence s'impose, cependant, quand aucun syndrome insulaire ne conduit fatalement à la déviation des règles communes. Les paradis fiscaux qui sont bien des îles sont surtout des États très récents, des poussières de vieux empires, ces deux derniers caractères l'emportant probablement dans l'orientation paradisiaque. Mais

1. Thomas More, *L'Utopie* [1516], Paris, Garnier-Flammarion, 1987.
2. Francis Bacon, *La nouvelle Atlantide* [1627], Paris, Garnier-Flammarion, 1995.
3. Platon, *Le Critias ou Atlantide.*

l'insularité porte encore mieux l'image des destinations touristiques soumises aux modes qui touchent le soin ou l'accomplissement de soi. Les pentes enneigées ont perdu de leur attractivité, en partie cédée aux plages à cocotiers.

Si les Utopies et les paradis sont assignés à des lieux pour exister, un bon équilibre de la création n'existe que par des enfers sur terre tout aussi rigoureusement localisés. Dans les vieilles géographies arabes, Gog et Magog sont isolés au fond du « climat » des Turcs, derrière un grand mur qui laisse à peine entendre une effrayante noise. Et, aujourd'hui encore, tous les grands et petits satans sont des pays. Chaque gardien de culture repère ainsi ce qui constitue pour lui les lieux de perdition. Son nom le résume. Qui pourrait prendre *Pigalle* pour une adresse sage ou le *Plat Pays* pour une riante campagne ? Mais qui imaginerait *Key Biscane* en bunkers ? Le nom de lieu assurant la vigueur du stéréotype en donne la position et cela suffit à une géographie largement imaginaire qui se développe en marge du monde réellement parcouru et vécu, et qui lui sert de rebord, d'horizon de référence. C'est la fonction du nom de lieu d'afficher le contenu qu'il recèle : Broadway pour les spectacles de création, Silicon Valley pour l'assemblage d'aventures technologiques et financières, Nosy Be pour l'été en hiver. Tous sont des emblèmes autant, voire plus, que des sites. Et quand un toponyme semble efficace, il est répété à l'envi. Les Alexandrie ont été semées par le conquérant ; les Césars, toujours, sont passés de la première à la deuxième puis à la troisième Rome, et de simples paroissiens s'en sont rapprochés comme ils le pouvaient à Rome (Pennsylvanie), Rome (Géorgie), Rome (New York), Rome (Tennessee), Rome (Oregon), les

Petits-Paris se contentant des « nouveautés » et de la parfumerie. Quand un toponyme a de l'effet, il devient gri-gri de lieux.

Ces lieux extrêmes qui sont ceux du rêve ou de l'imagination, ou encore de la mobilisation religieuse ou idéologique, encadrent les lieux plus communs de la vie. Ils en sont les ancres lointaines ou les points de mire. Mais les classements intermédiaires, plus proches du commun des jours, établissent aussi des valeurs. Les « Hauts » et les « Bas » de nos contrées ne sont pas toujours simplement topographiques. Ce sont souvent les riches et les pauvres, les avancés et les attardés. Et pour combattre l'image, le nom est l'arme quand les Basses-Alpes deviennent Alpes-de-Haute-Provence, par exemple. Pourtant, la Haute-Volta est devenue Burkina Faso. Mais là, c'était une affaire de dignité. L'hydronyme a laissé la place au « pays des hommes libres ». Nommer du dedans est la première opération géographique, celle qui marque d'abord une identité, un lien, et leurs corollaires, l'altérité, la limite.

Localiser ne se réduit pas à pointer le doigt sur une carte. C'est nommer en premier lieu, donner une existence en affirmant que là il y a l'objet de mon expérience ou de ma pensée et affirmer que cette matérialité suffit à prouver. Localiser, c'est aussi singulariser par l'usage de noms propres qui rapproche les objets du statut d'être. Il faudra en discuter.

Ici, ailleurs : le rangement du monde

Parmi ces lieux, il en est un qui, en changeant, reste le même. C'est celui où je suis. Au point que je me demande comment il peut exister d'autres lieux éloignés au même instant [1]. Ils sont bien sûr enfouis dans ma mémoire ou dans celle des autres. Ils sont consignés dans les répertoires des atlas. Mais ils ne sont pas là. De plus, le moindre déplacement transforme ici immédiatement en ailleurs. Ici, ailleurs sont les deux premiers repères de la géographie spontanée, le second exprimant la conscience que la distance sépare et différencie alors qu'ici est la preuve « vivante » de l'existence. Remarquons au passage qu'un itinéraire qui joint des lieux distincts dans l'idéalité de la mémoire ou de l'imagination, ou dans la matérialité de la terre, joint d'abord des lieux semblables dans le système primaire des coordonnées : un port à un port, une maison à une maison, et où que je sois, je suis toujours ici. En voulant quitter une maison ici pour un port au loin, je dois passer par un port proche ; aussi loin que j'arrive, il est un moment où, tombant de fatigue, le refuge dans une maison s'imposera, ou ce qui en tiendra « lieu ». Ici est toujours très dépendant des impératifs de la vie, même les plus triviaux, et surtout de ceux-là.

Il n'est alors de géographie spontanée, à l'usage de la vie, que par la mémoire des circulations physiques évaluées et jugées, réévaluées et reclassées sans cesse selon des besoins dont la plupart sont récurrents : manger, dormir... et dont les moins courants ne sont que des visées exceptionnelles : voir Naples et mourir. Les tronçons et les haltes sont ordonnés selon des mesures objectives (la direction, la distance, le coût) ou subjectives (l'attirance, la répulsion). En chemin, des assemblages significatifs de repères, de signes sont entrevus : lumières, couleurs, sons, odeurs composent des objets changeants selon l'heure et selon l'œil. Les paysages, des lieux qui passent

1. Italo Calvino, « Amours loin de chez soi », dans *La grande bonace des Antilles*, Paris, Seuil, 1995.

en défilés, s'inscrivent ou s'oublient, mais seule leur consignation couvre progressivement la surface terrestre d'informations utiles, celles qui guident. La géographie spontanée, immédiate, est ainsi une découverte précédée du projet et du désir, un calcul qui contient bien un peu de raison. Les grands sauts vers l'inconnu, collectifs ou individuels, l'exploration du petit enfant comme la première traversée de l'Atlantique ou la plongée dans la forêt vierge ne sont possibles qu'après qu'ont été dessinés le but et son dessein. L'explorateur et le cartographe qui cohabitent en nous collaborent ainsi à l'établissement d'une circulation mentale et de ses repères. Sa systématisation fait le passage de la géographie spontanée à la géographie raisonnée. De véritables stratégies dignes d'un conquérant guident les automobilistes futés tout comme une évaluation des couleurs fait monter ou baisser les cours immobiliers à Georgetown (Washington, DC). C'est une vieille histoire, une recherche constante. Les chamanes ont su avant les autres rationaliser les lieux en spécialisant ceux du mystère, en créant autour d'eux une forte polarité et une hiérarchie qui joignent le symbole et la réalité. Les géographies sacrées ou profanes y ressemblent toutes plus ou moins parce que les « quartiers » sont toujours des découpages qui résultent de cette activité de raison prolongeant, dans la vie, la solution imaginée aux questions métaphysiques.

Les chamanes qui occupent l'actualité contemporaine sont plus occupés par l'apparence des corps et les signes extérieurs de richesse ou de puissance. Mais ils établissent eux aussi un rituel qui localise le mieux et le moins bien, le beau et le laid. Hollywood a remplacé Lascaux mais, de la même manière, le monde y est reconstitué, les peurs exorcisées et les espoirs avoués. La fonction demeure si les sites et les moyens changent ; le monde prend toujours forme dans des sanctuaires où se glisse l'invention qui se diffuse, entre la réalité et la fiction. Les laboratoires des scientifiques, après les cabinets de savants, en sont. Mais les bonnes recettes sont malgré tout bien « terrestres », au point que les extraterrestres eux-mêmes y ont la nostalgie de la maison. La nomination du lieu d'ancrage est à ce point une action centrale que le verbe qui le crée, aujourd'hui comme hier ou avant-hier, lui colle une image stéréotypée. Bengalore se prononce Silicon Valley, paraît-il, pour les années à venir ! Et, il n'y a pas si longtemps, les champs de pétrole proliféraient en répondant au même nom de Bakou. Ici et ailleurs pourraient devenir flous.

Le général et le singulier

Loin de ces sphères un peu magiques où naissent les noms, l'enregistrement systématique et le plus plat possible des lieux, fixés dans leur qualité et position relatives et reportés sur une même feuille de papier (*mappa*), révèle des figures invisibles au voyageur. Elles aussi sont susceptibles de prendre nom : Copper Belt, Megalopolis, Nouvelles-Hébrides... Les archipels vrais, maritimes, découverts tardivement sont les exemples les plus accomplis du processus ; mais le même usage conduit à la nomination de nouvelles régions d'observation après la cartographie de phénomènes originaux. La Banane Bleue en est le dernier grand succès populaire en France. Alignements ou désordres, nuages denses ou diffus, les points des lieux et les lignes des itinéraires accumulés s'ajoutent, se croisent, se recouvrent. Les intervalles prennent forme selon toutes les directions de l'azimut ensemble. Cette vision simultanée amène à la conscience de l'espace par l'aplat qui montre des distances, des configurations, des aires : tout cela n'est qu'assemblages de points liés. Par la carte, la dimension diachronique de l'expérience géographique spontanée se renverse en vision synchronique de la coexistence à distance. Ici et ailleurs perdent leur qualité de repères premiers au profit d'un système de coordonnées. Lignes remarquables, points d'origine, orientation conventionnelle précèdent le bleu des eaux, le noir des constructions, le vert des forêts, le rouge des routes et tout ce qui se dégage en séries de phénomènes bien distingués. La réalité de la vie mêle-t-elle, dans le « paysage », un complexe dont les parties se perdent au-delà de l'horizon ? Par la carte, chaque chose prend sa place dans les deux registres de la complexité des phénomènes liés par la coprésence et de l'extension indépendante de chacun d'eux. Avec la carte, l'observation de la terre et du monde change de référence. La dichotomie de la géographie spontanée n'est plus possible mais, dans le même temps, les possibilités d'analyse s'affinent. Tout ce qui est présent ensemble en un seul site est identifiable par des extensions propres à chacun des phénomènes. Et l'on saisit la singularité du lieu comme mélange original d'un coin de plateau, de telle portion de vallée, de l'axe urbain et industriel dont l'origine est au loin et d'un espace indéfini qui s'ouvre là en avant-pays. Tout est général dans ce site (figure 4) ; seule la composition est unique et encore pourrait-elle se retrouver approximativement reproduite ailleurs. C'est un modèle.

L'élargissement du regard s'accompagne d'une profonde mutation des approches. Le mystère du lointain s'atténue pour laisser la place à une position dans un assemblage intelligent. Alors la déduction qui guide la découverte lamine la contemplation, le calcul chasse l'espoir, la mesure rapproche en dévoilant l'inconnu. Même éloigné, le lieu répertorié et qualifié dans des caté-

Figure 4. *Le général et le singulier*

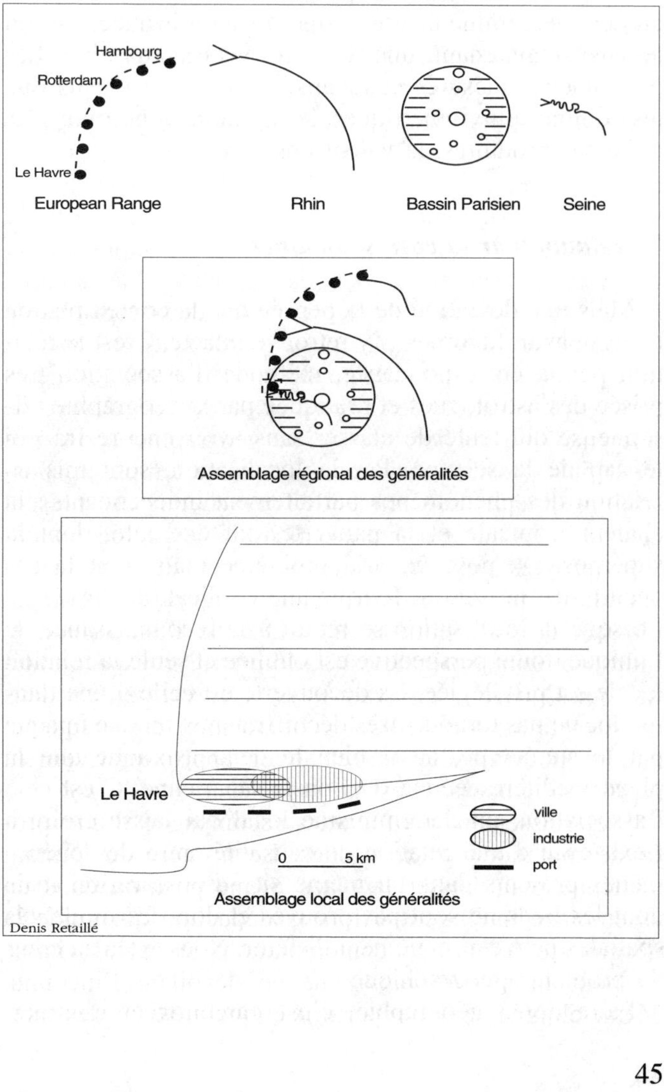

Denis Retaillé

gories universelles d'évaluation acquiert une familiarité. C'est ainsi que le passage de la géographie spontanée à la géographie raisonnée, qui ressemble à une élévation au-delà de l'immédiateté, à une mise à distance, est, on le saisit maintenant, une descente vers la trivialité. Les phénomènes mesurés et localisés sont aussi banals que les volumes pluviométriques, les nombres d'hommes, les richesses produites, la valeur des flux.

La relation par la correspondance

Mais une déviation de la pensée que la contemplation rêveuse avait favorisée s'y retrouve intacte. C'est la relation par la correspondance, méthode d'association très prisée des astrologues et pratiquée par la géographie raisonneuse qui tente de classer sans avoir encore franchi le cap de la science. Par la localisation, sont mis en relation des phénomènes parfaitement indépendants : la chaleur tropicale et la pauvreté, par exemple, dont la superposition pose un vrai problème mais dont la cooccurrence ne saurait fournir une explication (figure 5). Lorsque la localisation se réduit à la reconnaissance de l'unique, toute perspective est oubliée et seule la relation locale est privilégiée. La découverte est celle d'une totalité locale pas toujours très déchiffrable et rendue opaque par le stéréotype, aussi bien le delta asiatique que la plage méditerranéenne ou l'oasis saharienne. C'est cela l'association, un déterminisme local qui laisse croire à l'existence d'une relation de causalité entre des phénomènes présents dans un même site d'observation mais dont les liens ne sont pas prouvés et dont les modalités spatiales peuvent totalement différer. Nous voilà au cœur du problème géographique.

Faire de la géographie, c'est parcourir et nommer,

Figure 5. *Une association, la tropicalité et le sous-développement*

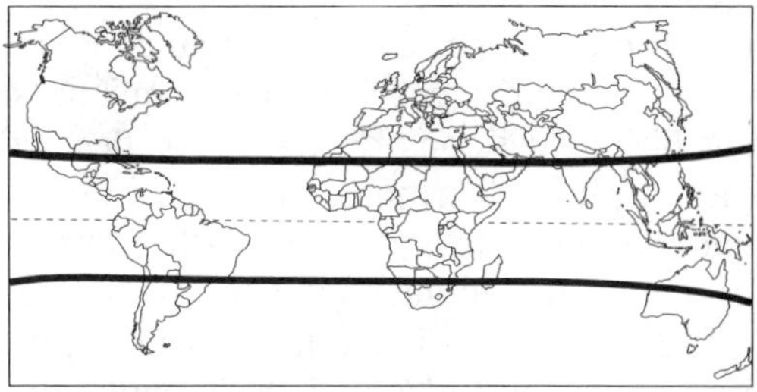

Les tropiques

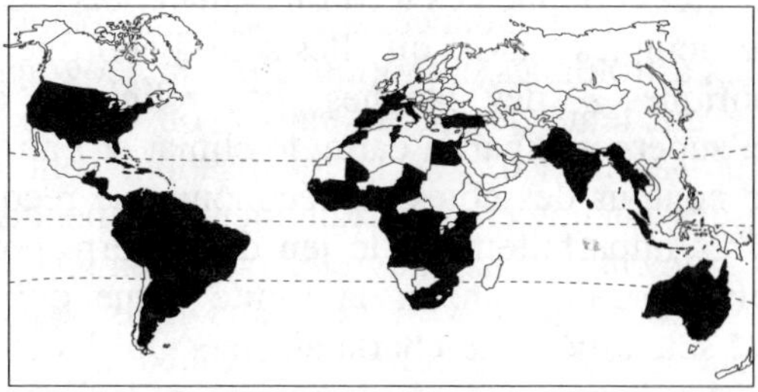

Agriculture d'exportation

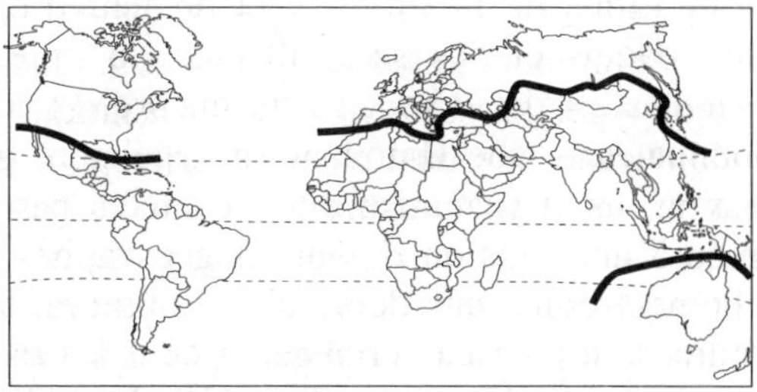

Développement / sous-développement

enregistrer et représenter la distance, montrer les dispositions et les formes que prennent des phénomènes à la surface de la terre. C'est ensuite combiner des phénomènes selon leur coextension. Les résultats peuvent avoir du sens ou n'en pas avoir, c'est au choix et chacun juge : ainsi s'inventent des « climats » qui ne sont pas seulement des successions de temps ou des moyennes thermiques et pluviométriques, mais aussi des zones ou des domaines qui prennent des noms – le climat chinois ; ainsi s'inventent des montagnes – le Massif central en 1841, une montagne très jeune finalement ! –, des zones économiques – les NPI d'Asie dont on oublie de dire les politiques très divergentes –, des aires culturelles qui sont montrées comme des territoires matériels – des maisons, des temples – alors qu'elles sont d'abord territoires métaphoriques – des langues, des religions, etc. Et lorsque, superposés par la carte, le climat et l'aire culturelle, le contour des côtes et l'économie se recouvrent, même très imparfaitement, le jeu de la correspondance s'amplifie jusqu'à franchir la limite ténue qui sépare l'activité scientifique du charlatanisme. Qu'il s'agisse du nombre des hommes et de la présence de l'eau, de la pauvreté et de la chaleur, de la démocratie et de l'ouverture maritime, de la frontière et du fleuve ou de la crête, du maquis et des sols siliceux, du vote géologique... tout s'est dit et tout se dit encore. Ptolémée et son continuateur arabe Hamdani en appelaient franchement aux astres et jugeaient des caractères par Vénus, Saturne ou Mars. Plus tard, pour les géographes positifs mais tellement empreints de vieilles habitudes, la terre-mère fournira les bases du jugement : les hauts pays remuants des nomades et des guerriers, les vallées fertiles, cultivées et organisées, et les côtes ouvertes à la communication livrent à Hegel les clés de sa philosophie de l'histoire ainsi que le sens du progrès de l'Esprit [1]. L'idée de l'unité de la terre et de l'humanité, qu'elle porte par une nature ordonnée et prévue, avait tiré l'activité géographique des correspondances vers la détermination. Puis la métaphysique, entraînée par l'histoire, est venue combler les vides existentiels laissés par les savoirs rénovés, déséquilibrant totalement le couple formé avec la science. Reportés à la dimension du monde, les lieux occupent des positions de ce type mal prouvées mais acceptées. Ces inventions portent-elles la marque de l'imaginaire, comme le suggère B. Debarbieux ? Ne sont-elles pas douées d'une certaine efficacité comme représentation, substitut de la réalité dans l'ordre social et culturel ?

Les stéréotypes

Cette manière de faire la géographie a encore une actualité. Elle est à la base des définitions de vocations, d'atouts et de contraintes définis *a priori* sans examen des situations relatives ni des « environnements » ; elle est à l'origine d'une manière d'évaluer des dispositions à la richesse ou à la pauvreté, à l'avenir ou au passé, inscrites dans le nom comme le nom est inscrit lui-même dans la nature terrestre. Elle se ressent donc fortement dans la toponymie d'origine externe. L'« enfer vert », par exemple, poursuit une carrière déjà longue car il va de soi, depuis Montesquieu, que la prolifération désordonnée de la vie ne peut constituer qu'un mauvais signe ; il va de soi aussi que la forêt dense empêche l'installation humaine. A-t-on jamais songé que la persistance de

1. Georg W.H. Hegel, *La raison dans l'histoire* [1822, 1828, 1830], Paris, 10-18, 1979.

cette forêt était probablement liée à l'absence d'hommes pour la dégager ? Ce qui s'est fait partout et à toutes les époques. La déraison atteint le paroxysme quand, devant les défrichements actuels des enfers verts, de bonnes âmes s'agitent comme pour la fin du monde. L'enfer est brutalement devenu le paradis à préserver. Mais l'absence d'un nom qui ramasse l'idée me semble la preuve de son échec. L'Amazonie est maintenant une région de villes et d'industries et la publication annuelle d'images satellitaires montrant la progression des défrichements ne soulève pas les foules. Pis même, elle fait oublier le vrai drame, le piège refermé par la forêt qui, en arrière, reprend ses droits et isole du monde des pionniers bien mal armés pour lutter contre elle et arracher ne serait-ce que leur nourriture de parcelles de 100 hectares à cultiver à la main ou presque. Le front progresse toujours, c'est incontestable et le regain forestier suit à quelques années par abandon des hommes. Mais la réalité est négligée au profit de l'image qui fait choc. C'est cela la géographie des correspondances, une croyance, organisée autour d'un lieu, qui peut s'exprimer dans des directions parfaitement opposées par idéologie et qui s'efforce d'oublier les situations vraies vécues. Pour les uns, l'Amazonie est une terre sans homme pour des hommes sans terre, selon la formule brésilienne de mobilisation. Parce qu'il y a de la terre, de l'eau et de la chaleur, l'agriculture est possible et plus facilement encore que dans les contrées voisines mais sèches et surpeuplées du Sertão. Pour les autres, la disparition de la forêt « naturelle » est une catastrophe d'apocalypse qui doit s'accompagner d'un enchaînement de crises conduisant droit à la mort du monde par asphyxie. Aucun des deux scénarios portés par le raisonnement en correspondance ne se vérifie : l'Amazonie s'urbanise et, d'ailleurs, les plans brésiliens de son aménagement se sont depuis assez longtemps pliés à cette nouvelle orientation. Le « Nord » devient un nom de région moins chargé qu'Amazonie.

Au même moment, ce que l'on appelle la France, un des territoires les plus totalement maîtrisés par une société unifiée dans d'assez grandes dimensions, n'aura jamais été aussi boisée qu'en ces dernières années. En tout cas, il faudrait remonter très loin pour retrouver une pareille extension des bois, et encore, infestés de loups et de brigands. Peut-il exister un ordre des choses géographiques à la surface de la terre ? Les Landes et la Sologne y ont conservé leur nom. Mais la transformation de sens n'a touché que le premier quand en français, bizarrement, Landes tire l'image de la forêt, alors que la Sologne est toujours marécageuse au teint jaune. Mystère des correspondances qui ne s'établissent pas toujours quand les informations neuves sont moins fortes que les stéréotypes qui suggèrent les destins implacables : le Triangle d'or, le triangle des Bermudes ou le triangle de Rocquencourt, la ligne Le Havre-Marseille, l'Axe, le Heartland ou le Rimland, la Gold Coast et la Côte-d'Ivoire, les Mines Générales, le Bassin Rouge, l'Eldorado, tout cela très doué [...] et aussi la Sibérie pleine de neige, de pétrole et de camps, les Balkans pleins de poudre, Harlem plein de Noirs et le Ghetto...

L'être géographique

Un autre avatar de la géographie par stéréotypes est beaucoup plus insidieusement installé. Alors qu'il est plaisant de dénoncer les errements de la correspondance résultant d'une superposition cartographique résumée par un nom, il est beaucoup moins facile de mettre en cause l'idée d'être. Là, les stéréotypes sont pleinement métaphysiques. Nommer, dans le corpus des géographes, c'est choisir un nom propre. Or la singularité n'est jamais très éloignée de l'affirmation de soi ou de celle de l'être. Tout dépend de qui nomme. L'Égypte est un don du Nil, avait prétendu Hérodote ; ce qui sera répété par la postérité non comme un raccourci mais comme la preuve indubitable de l'existence autonome d'une totalité organique comprenant un territoire, un peuple originel, un fleuve miraculeux, des sources perdues dans la profondeur d'un continent inconnu. Que fait-on au passage des millions de paysans qui ont façonné la terre si modestement que seul le fleuve sacré est resté ? Et si je dis maintenant qu'Assouan est un don de la science et de la technique soviétiques ! Que penser ? Pourquoi le barrage est-il œuvre des hommes, acteurs identifiés et qualifiés, implicitement jugés, alors que les cent vingt générations d'anonymes dirigés par une main de fer sont passées dans la nature sous le nom de Nil ? Difficile à dire. La tendance générale est à confondre les héritages du passé avec ceux de la nature, à prendre les sociétés historiques pour des civilisations et les civilisations pour des natures, des cultures-natures. Les œuvres construites, elles-mêmes, changent de statut avec l'ancienneté et l'on peut entendre aujourd'hui la défense « écologique » de paysages et de milieux qui sont de purs artefacts contre une action humaine contemporaine maléfique (quand le vieux canal doublant le Doubs est passé dans la nature et fréquenté par promeneurs et pêcheurs et que le projet d'une liaison Rhin-Rhône de « gabarit européen » est désormais inconcevable). L'oubli des circonstances de mise en place de notre cadre reçu lui donne une qualité essentielle : là depuis toujours, là pour toujours, à l'identique bien sûr. Ce que nous avons toujours vu est naturel. Ainsi, derrière les choses apparentes sont inventées des essences ou quelque chose ressemblant à ce qui doit être ou ce qui devait être. C'est aussi cela l'invention du monde.

La même confusion transforme, par le nom propre toujours, des portions de la surface terrestre en entités territoriales transcendantes. Avant et après les hommes, la « Terre » est là, incontestable. Y. Leibowitz, qui ne manquait pas de clairvoyance, qui était capable de repérer la contingence de l'État et du peuple juifs, ne peut mettre en doute l'existence de la « Terre ». Ce n'est pas, chez lui, l'ultime refuge de l'élection mais plus probablement la marque de ce que, dans l'identité, la terre reste le meilleur résumé, par-delà la culture ou la religion. Et que cet auteur critique ne sache se débarrasser d'une phrase comme « Une terre, on peut la désigner du doigt sur une carte, la décrire objectivement puisqu'elle ne dépend ni du jugement d'un homme, ni d'aucune de ses tendances [1] » en dit long sur la présence antérieure du « sol » dans le dessin du monde des hommes. Dans cette terre réside finalement le dernier carré de l'être collectif des sociétés. Pour s'en assurer, les devants sont pris par l'affirmation du territoire qui conjugue la matérialité du support et l'idée du peuple. La France est un être géographique. Nous l'avons tous appris, cela figurait en première leçon. Paul Valéry insistait lui-même pour convaincre ses contemporains que l'Europe avait une existence en deçà des apparences [2]. Et l'appel au sacrifice, au nom de la terre, est suffisamment fréquent pour qu'il ne soit pas nécessaire d'aller plus loin. Mais comment définir un être géographique ? La formule ne

---

1. Yeshayahu Leibowitz, *Peuple, Terre, État*, Paris, Plon, 1992, p. 34-35.

2. Paul Valéry, *Regards sur le monde actuel et autres essais*, nouvelle édition revue et augmentée, Paris, Gallimard [1946], coll. « Folio », 1988.

suffit pas, tout incantatoire qu'elle soit. Il faut pouvoir lui trouver une substance, une essence, quelques attributs, une finalité.

La Terre, comme terre promise, porte-t-elle par son découpage, sa limite, son site, une marque du destin qui la définit pour l'éternité ? Nul doute alors que s'impose la définition du contenu par le cadre. Sol, ciel, hommes : à l'intérieur des limites de l'être géographique, l'unité des phénomènes est assurée et même leur équilibre. Mais dites Israël ou Palestine ! Ainsi le découpage et la superposition, c'est-à-dire la relation par correspondance, sont les deux opérations d'une géographie mal dégagée des illusions, une lecture simpliste de la surface terrestre qui cherche, dans la nature, des limites pour les hommes. C'est que la géographie savante – mais non scientifique – des correspondances a oublié la pertinence des attitudes spontanées qu'il nous faudra retrouver pour faire autrement de la géographie.

La géographie spontanée est faite de trajets, d'itinéraires choisis. Elle a été totalement desséchée par une déviation scolaire qui s'est greffée sur la recherche de la limite totale, bonne à tout et finalement stérilisante par l'expulsion du choix, parce que la géographie est devenue discipline d'édification dont les leçons sont iconographiques, parce que la géographie camérale des savants, qui ont collationné les récits et les rapports des explorateurs pour les mettre en forme et en pensée, est devenue catéchisme, parce que la mémorisation et la récitation d'un tableau (même chiffré) est devenue l'exigence la plus courante des maîtres. La leçon de choses est devenue apprentissage des noms et des limites. Que s'est-il passé ? Une opération de mise en ordre dont il faut relever les motifs, les idéologies et même les bases métaphysiques.

Enfin, d'un apprentissage scolaire dépassé mais dominant l'image de la discipline, nous retenons tous que faire de la géographie se résume à la mémorisation des résultats de trois opérations qui sont, dans l'ordre : le découpage (en fait souvent l'exagération d'une limite dite naturelle), puis les descriptions sédimentées à l'intérieur d'un cadre identique pour tous les ordres de phénomènes, enfin un jugement de valeur, très absolu, le plus souvent illégitime faute d'une référence universelle. Et je me demande comment du relief, de l'agriculture, de l'organisation politique, de la richesse, etc., se logent dans la même forme et s'interprètent à la même échelle. C'est miracle. Pas tout à fait, cependant, car le miracle porte un nom : territoire. C'est peut-être la seule universalité géographique, il faudra aussi en discuter pour juger de l'existence de l'être (c'est ce que nous ferons dans les chapitres « Territoire » et « Europe »). Mais l'explication fournie, qui s'établit par la relation évidente de ce qui est placé dans une même limite, fixée *a priori*, n'est que tautologie. Elle ne légitime en rien l'objet qui porte un nom propre. Alors, cherchons ailleurs et autrement, en évitant les dessèchements des récitations érudites. Nous apprendrons à faire de la géographie en liant l'activité spontanée et l'activité raisonnée, en faisant explicitement place à ce qui reste fatalement de culture dans la science et d'idéologie dans la nomination. Puis nous verrons où peut se loger la légitimité.

L'activité géographique spontanée relie d'abord, fondée qu'elle est sur l'itinéraire ; l'activité géographique savante sépare finalement, pour de plus ou moins bonnes raisons, et par méthode, le double classement des natures et des ordres de grandeur. Ce sont les deux opérations antinomiques mais complémentaires qui peuvent se prendre dans l'un ou l'autre sens et qui fusionnent dans la localisation.

Qu'est-ce que le monde ? Question de géographe ?

Figure 6. *Le milieu et l'espace*

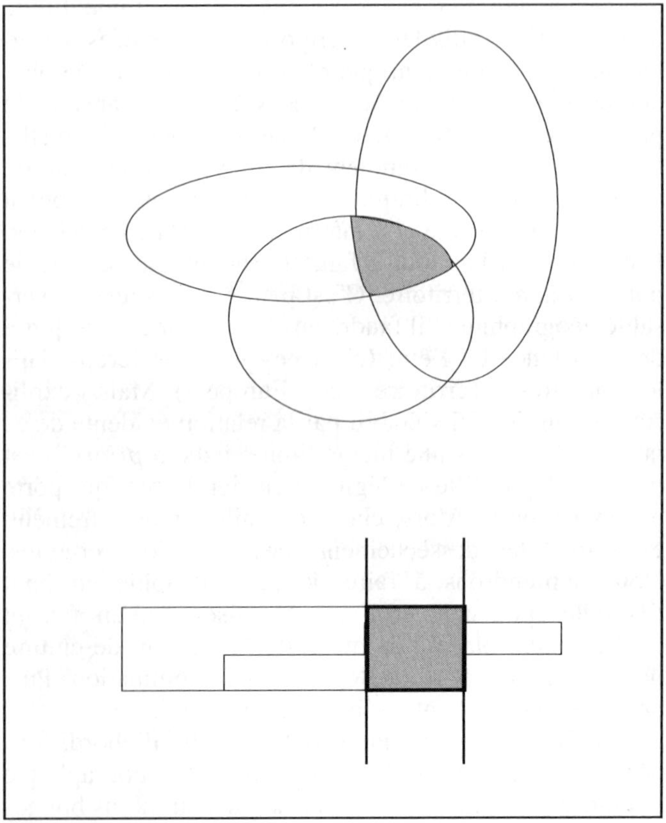

Concepts à ne pas confondre, le milieu et l'espace géographiques s'appuient sur les dimensions cardinales des objets. L'espace recouvre la forme, la dimension, la direction ; le milieu exprime une combinaison de phénomènes qui n'ont pas forcément la même configuration. Bien sûr, un milieu a aussi une expression spatiale par où, d'ailleurs, les géographes l'investissent le plus souvent.

Rarement je crois, puisque après tout le géographe nomme d'abord par mimétisme ou par reprise, puis mesure et classe, ajoute enfin, jusqu'à obtenir une somme. Position, orientation, dimension, configuration, qualité sont en même temps ses marqueurs et ses réponses. Mais d'où vient que le géographe peut identifier, dire l'unité et la différence, tracer la limite qui réunit et sépare ? Qu'est-ce que cette écriture qui lie en lieux des phénomènes dispersés pour déterminer un milieu ; ou qui lie les localisations dispersées d'un même phénomène pour en définir l'extension, l'espace (figure 6) ?

Comme des réponses, les noms de lieux sont les premiers mots du géographe. Mais le dessin est son premier geste. L'apprentissage de la terre distingue les opérations et réserve à la géographie « de nous dire quels sont sa nature, sa position, les éléments qui en font partie, mais tout cela considéré à l'échelle du total et du général, par exemple les golfes et les États importants, les peuples et les fleuves les plus célèbres, en bref les traits les plus significatifs de chaque entité considérée [...] la géographie exige une visée totale [1] ». C'est ainsi que la concevait Ptolémée, à la recherche des grandes articulations dont celle, d'abord, des océans et des continents. La découverte raisonnée de la terre commence par le dessin des contours qui permettent de loger ensuite tous ces lieux, tous ces noms rapportés, et les caractères qui vont avec.

---

1. Ptolémée, « Géographie », traduit dans André Miquel, *La géographie humaine du monde musulman*, Paris-La Haye, Mouton, 1967, p. 70.

Variation 1

L'apprentissage de la terre

« Là je vois de près et de loin
Là je m'élance dans l'espace
Le jour la nuit sont mes tremplins
Là je reviens au monde entier
Pour rebondir vers chaque chose
Vers chaque instant et vers toujours
Et je retrouve mes semblables. »

Paul Eluard, *Ailleurs Ici Partout* (Poésie ininterrompue).

L'apprentissage est un saisissement. Mais comment se saisir de la terre ? L'objet est incommensurable à la perception et seule l'intelligence en prolongement des sens peut y accéder. Encore a-t-il fallu dépasser l'expérience de l'horizon, se défaire de l'inquiétude fondamentale du précipice et poursuivre la marche comme si l'infini était assuré. Individuellement et en ne disposant que de moyens naturels de déplacement, l'infinité de la terre est évidente. Mais les messages en provenance du monde annoncent en même temps une présence très éloignée et une similitude troublante. Comment la terre peut-elle être à la fois infinie et pleine ? Par le continent (double sens).

La continuité

Le monde est un continent et il l'est devenu ! Le vieil adjectif verbal *continans* pose la continuité jusqu'à la limite qui contient. Définit-il le monde pour autant ? Oui ! Mais seulement après les expériences accumulées de la terre et de la mer, les tentatives de dépassement qui ont conduit à boucler le tour. La mer a d'abord cerné la terre. Puis la terre a fini par abriter la mer. L'une ou l'autre des formules reste indécidable pour l'individu vivant... les pieds sur terre justement. Circuler sur terre sans artifice, c'est se cantonner au continent, et il va de soi que la mer, ferme l'horizon alors que, pourtant, c'est là, face à la mer qu'il est le plus dégagé et le plus attirant. La grande traversée océanique n'apporte pas plus de réponse. Les contours littoraux doivent être non seulement explorés mais bouclés, et si Magellan et Horn ont été doublés assez précocement, le passage du Nord-Ouest est resté longtemps introuvable. Avec ponts de glace et variation du niveau marin, on ne sait d'ailleurs pas très bien quelle référence de moment doit s'imposer dans l'affirmation d'une vérité intemporelle. Limitons-nous donc à notre temps. L'astronaute circulant en orbite autour de la planète, qui voit se dérouler un paysage tantôt bleu, tantôt brun, est-il mieux à même de formuler un avis ? La face cachée du globe lui restant invisible, la preuve des sens manque. Il faut alors s'arrêter et porter, sur un support de mémoire, une double information : à chaque coordonnée, un caractère, bleu et brun par exemple, ou noir et blanc (figure 7).

L'examen rapide d'un planisphère différemment éclairé souligne la première proposition. Il est possible d'établir un itinéraire de circumnavigation alors que personne ne pourrait boucler un tour de terre à pied sec. La terre est donc une mer parsemée d'îles de première gran-

Figure 7. *Deux planisphères en blanc et noir, en noir et blanc, itinéraires*

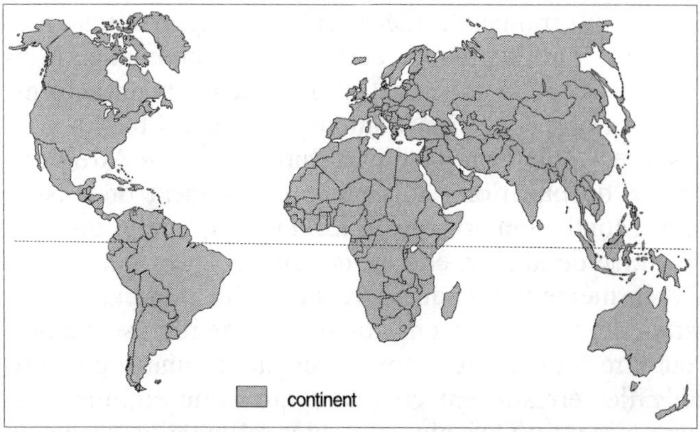

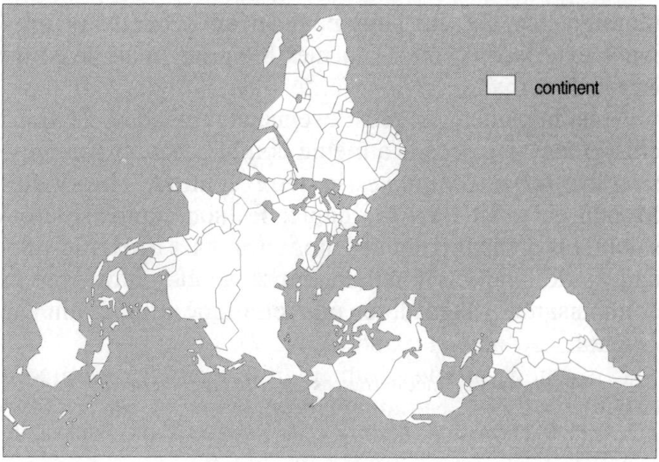

deur, les continents, mal nommés, et dessinée en bassins fort vastes communément appelés « océans », au moins pour les temps historiques.

Pourtant, à y regarder de près, les océans sont aussi des méditerranées [1], méditerranées imparfaites, plus ouvertes, parfois moins ourlées que l'éponyme. Mais l'imagination, la traversée, la conquête ont transformé les positions. Que l'on nomme un océan « Indien » ou « Arabe », que l'on découvre l'unité d'une « Aire-Pacifique » ou que l'on envisage le peuplement du « Nouveau Monde », anglo-saxon ici, latin là, quelle que soit l'étendue de la mer, elle est depuis quelques siècles cernée en même temps que parcourue ; les portulans et les cartes de rhumbs en ont bouleversé les représentations. Peut-être n'est-il plus provisoirement qu'une seule véritable île terrestre, ce continent qui porte significativement le nom d'Océanie, le dernier refuge d'un temps où la mer cernait la terre, où le monde était mer, et où la société des hommes se structurait en pirogues [2]. Ces témoignages ont été largement anéantis par le peuplement extérieur, venu de la mer bien sûr, mais avec un esprit de terre [3].

Ainsi la planète est-elle devenue continentale. Le franchissement des océans a même comblé de sens l'expression de *terra continans*, la terre continue. Le Vieux Monde en avait bien la qualité. En son centre se croisaient les généalogies des hommes – les trois descendances de Noé –, s'y réglait l'échange et s'établissait la connaissance. Hérodote en témoigne, appuyant sa

---

1. « Méditerranée, méditerranées », *L'Espace géographique*, 3, 1995.

2. Joël Bonnemaison, *L'arbre et la pirogue*, Paris, Éditions de l'ORSTOM, 1986.

3. Philippe Bachimon, « L'insularité océanienne dans la cosmogonie maohi », *L'Espace géographique*, 3, 1995.

démonstration sur l'existence incontestable de noyaux de peuplement hostiles entre eux, la Grèce, la Perse, l'Égypte ; l'Europe, l'Asie, l'Afrique : les trois continents qui ne sont encore que des arrière-pays, le monde d'ici se réduisant aux civilisations ou mieux à trois organisations de caractère politique qui s'affirment par les guerres et mythiquement par les enlèvements de femmes. Voilà un signal qu'il faudra reconnaître dans l'identification des groupes humains, même en le déplorant. L'affrontement définit l'identité, à la fois ce qui est identique et pour quoi l'on se sacrifie, et l'autre, par qui s'exprime négativement cette ressemblance. Que pour les Grecs, le centre du monde, le point d'origine des repères soit à Rhodes, que la tradition hébraïque comme l'ésotérisme dérivé du christianisme le place à Jérusalem ou les géographes abbassides à Bagdad, la structure générale du monde ne change pas : un centre et des secteurs. Jusque-là, les disputes ne portent que sur la localisation du centre et le nombre des secteurs : c'est le travail de la connaissance d'en décider. Il a d'ailleurs été passé un accord : le centre a migré et continue de migrer. Mais en amont, le même schéma est là, tout prêt et incontestable puisque marqué au sceau de l'autorité du passé, voire du mythe. Il structure la conscience. Il est universel.

À quelques variantes culturelles près, tous les mondes sont ainsi disposés. De cet héritage que nous avons reçu, ils ont pris un caractère topographique qui a façonné nos mesures et nos approches : la continuité. Aussi la mer est-elle limite, frontière, parenthèse terrestre, lorsque, d'un continent à l'autre, les chemins maritimes imposent la patience, l'inaction même. La traversée océanique est ce long temps de latence pendant lequel, sans bouger, coincés sur un réduit flottant, les voyageurs passent d'un ciel à l'autre. Mais c'est aussi l'apprentissage de l'espace relatif que Descartes puis Galilée découvriront en réussissant à définir un espace absolu de référence [1]. Les repères se transforment, même si, jusqu'à la conservation du temps par sa mesure, les décalages restent insensibles. Le débarquement, lui, est brutal. Terre, terre ! Terre inconnue ! Quand la continuité topographique a été rompue, quand il n'a plus été possible d'approcher, la surprise de la découverte était entière. Erreurs d'affectation – les Indiens – ou total désarroi – sont-ils bien des hommes s'ils ne descendent pas de Noé à qui l'on ne connaît que trois fils ? – en sont les suites. Il fallait retrouver la preuve de la continuité, une Atlantide, maillon géographique manquant.

L'idéalité

La traversée n'a rien de commun avec le cabotage mais avec la trajectoire, l'anticipation. Une distorsion s'est placée là, entre technique de navigation et connaissance du monde. Le départ vers l'inconnu n'a été possible que par le calcul abstrait dans un système de coordonnées. Il a cependant été motivé par l'imagination ou la certitude fondée sur l'expérience de la continuité topographique. Il en est ainsi de bien des découvertes géographiques : une part de raison et une part de rêve qui finissent par se réaliser, ensemble. L'invention du monde, c'est la réalisation d'une idée qu'il a fallu redresser parfois mais qui n'a jamais été totalement prise en défaut. L'Australie a été longtemps cherchée avant d'être abordée et il n'est guère que l'Amérique à avoir dépassé l'imagination. Mais la fiction des Indes occidentales n'a

1. Jean-Marc Besse, « L'espace de l'âge classique, entre relativité et représentation », *L'Espace géographique*, 4, 1995, p. 289-301.

pas tenu longtemps et le stéréotype du Nouveau Monde contenu dans le mot *Amérique* l'a très avantageusement surpassée.

Si la grande traversée a changé la face du monde par les compléments de terres, elle en a aussi transformé la pensée. L'univers terraqué, sillonné de lignes de construction qui permettent la fixation d'itinéraires toujours nouveaux, joignant chaque lieu à tous les autres, n'est plus exactement l'œkoumène à quoi se limitait la géographie ancienne ; c'est maintenant l'orbe. Voilà une rupture de représentation ou au moins l'occasion de penser le monde autrement qu'en termes d'habitat. La terre faite de mer est devenue un support abstrait dont l'individu ne peut acquérir l'expérience directe. À l'extrême limite, il est possible de concevoir une connaissance immédiate de chaque lieu dans la continuité topographique d'un continent. La contiguïté toujours reportée donne une place relative à chacun.

Mais la rupture marine oblige à reconstituer en pensée cette terre dont on ne voit directement qu'un angle très faible. Le passage par la mer nécessite une forme d'abstraction beaucoup plus élaborée, la représentation de routes virtuelles dont il est possible de se passer sur la terre ferme. « Dans le monde des mers, comme dans celui de l'air, les conquêtes de l'esprit et les applications pratiques auxquelles elles ont donné lieu sont les plus hauts signes de la grandeur de l'homme. C'est par elles qu'il devient vraiment citoyen du monde. Et les changements opérés par la science sont plus rapides : l'utopie d'hier est la réalité de demain [1]. » Vidal de la Blache avait saisi cette mutation, la puissance créatrice de

1. Paul Vidal de la Blache, *Principes de géographie humaine*, 1921, citation choisie par Max Sorre, *Les fondements techniques de la géographie humaine*, Paris, Armand Colin, 1941.

l'imagination et de la représentation que la circulation anime.

Avec la conquête de l'air, l'affranchissement de la contrainte terrestre est encore plus total. Le passage d'un lieu à un autre se fait par un conducteur libre. Bien sûr, les perturbations atmosphériques ramènent le souvenir de la terre irrégulière. Mais il n'y a là rien de comparable avec les obstacles topographiques ; malgré le sens des courants et des vents, l'orthodromie est toujours possible. La propriété de continuité l'emportant sur toutes les autres dans la découverte de la terre, il ressort que c'est dans l'atmosphère terrestre que la circulation atteint sa plénitude. L'air est un océan navigable et ininterrompu qui vient jusqu'au seuil de chaque maison, disait Sir George Cayley, inventeur du principe de l'avion. On imagine mal, pourtant, une circulation matérielle joignant tout point du globe à tout autre. La concentration des trafics est nécessaire par des connexions techniques entre la terre et l'air. Mais à la différence des concentrations en lignes que nécessitent les transports terrestres, la circulation aérienne s'appuie sur des nœuds, la vraie liberté n'étant atteinte que par les ondes et la communication immatérielle qui ne sont limitées qu'en vitesse (celle de la lumière) et par l'usage de nos sens. Quelques appareillages maintenant communs permettent de capter tous types de longueurs d'onde. En plus de la jonction directe de tout point du globe à tout autre, nous accédons à une nouvelle propriété de la circulation, l'instantanéité de la communication qui bouleverse les mesures de la distance jusqu'au point d'atteindre leur perception même. Alors le monde n'est plus seulement englobant, il est à la conscience dans la simultanéité, l'enregistrement et la mémoire voyant leur usage s'amoindrir. La circulation en temps réel des messages humains a opéré une mutation qualitative qui déborde la simple croissance en volume ou l'extension des révolutions précédentes. Le monde n'est plus seulement continu, il n'est pas plus petit ; il change de nature par l'ubiquité de la présence humaine vérifiée dans l'expérience et non plus seulement par la raison. C'est un motif supplémentaire pour tenter la définition en compréhension du monde plutôt qu'en extension par la limite et la somme des objets qui le composent.

L'ubiquité

Tant que la discontinuité soulignait le découpage, des territoires discrets pouvaient être identifiés et la géographie savante ne s'est pas privée de le faire sur la base d'indicateurs pris comme autant d'indices de vérité. Avec l'ubiquité et l'instantanéité, plus rien n'est si simple ; les découpages apparaissent comme les héritages d'un dessin dépassé. La limite n'est plus pertinente après que l'horizon a changé de nature. Le monde est devenu un continent ; la conscience de l'ubiquité humaine avait résulté d'une lente accumulation de mémoire des lieux, l'instantanéité la transforme en coprésence. Et s'il est assez commun de disserter sur le raccourcissement des distances, l'essentiel n'est probablement pas là. En même temps qu'a changé la dimension apparente du monde, la métrique qui encadre sa mesure est aussi renouvelée, de la continuité ou de la discontinuité topographique à la relation topologique. Ce passage était virtuellement contenu dans la géographie scientifique ou plutôt mathématique ; il s'est réalisé en prenant son sens dans la conscience collective. Mais ce n'est encore que du savoir ; pas vraiment une connaissance partagée. Qui donc navigue sur le Web ? L'apprentissage d'un monde sans dimension topographique et déconnecté de la terre s'impose. Qui l'organisera ?

Quelques errements dans l'analyse de la situation géographique contemporaine manifestent la tension qui sépare les savoirs de la connaissance et la connaissance de la réalité soumise. Avec beaucoup d'intuition, MacLuhan insistait sur la disparition de la distance, sur la place centrale occupée par le médium dépassant le contenu des messages car c'est lui qui dit comment connaître. Mais la retombée de sa thèse est faible et sa référence préhistorique : le monde deviendrait un village planétaire. C'est là un retour à la communauté primitive qui néglige la mutation dans la nature des distances et la transformation des moyens de les annuler. Le centre de l'argumentation s'effondre donc, faute d'un outillage géographique à la hauteur de la conclusion. La nouvelle simultanéité mondiale n'a rien à voir avec la similitude par proximité que la communauté villageoise entretient. Il a manqué à MacLuhan le parallèle politique et social adapté aux nouvelles communications que le seul effet systémique n'assure pas, l'équilibre d'un système ne reproduisant pas le processus d'arbitrage légitime. Seule la technocratie et maintenant les pions de la sphère financière et des marchés globaux le croient. Mais il ne faut pas confondre la technique de l'information et la conscience du monde.

La conscience individuelle du monde est complexe. Elle est encore faite de plusieurs enveloppes dont les contenus ne sont pas forcément bien reliés. Pour la plupart d'entre nous, l'image du monde relève d'un savoir livresque et d'une rhétorique souvent moralisante qui fait assez peu de cas des seuils séparant encore les hommes. Distance, continuité, discontinuité, franchissement, ubiquité : l'expérience du monde passe par la maîtrise physique des caractères de l'espace qui est d'abord intervalle. L'espace sépare, nous l'avons déjà noté, et c'est la seule conscience que nous en avons avant l'usage de la carte. Même les médias simultanés ne rapprochent qu'artificieusement. Il suffit de noter l'apathie commune dans laquelle plongent les contemporains devant des événements dramatiques : le temps réel de l'information n'a jamais encore provoqué l'implication. Il existe même des distances « topologiques » préservées, proches de l'infini, malgré des proximités topographiques très grandes : elles s'appellent indifférence.

L'expérience et la conscience

Quel chemin conduit donc de l'expérience géographique à la conscience du monde ? La transformation des moyens de circuler la favorise-t-elle ? Pour répondre, il faudrait que la géographie qui s'en dessine relève totalement de l'expérience du sujet. Or les médiateurs sont nombreux et pas toujours neutres. En outre, alors que le remplissage exhaustif de la liste des lieux est impossible, le concept comble les trous mais donne, dans le même temps, l'allure de l'information qui s'y loge. Vieille question de la philosophie du réel. Le concept de monde ne précède-t-il pas la découverte matérielle qui n'est que vérification d'un schéma déjà produit ? Comme fils de la circulation, notre monde en a pris successivement les caractères : discontinu à l'époque des océans et des continents ; continu et hiérarchisé aujourd'hui, alors que les vieilles cartes sont restées topographiques. Mais ailleurs, en Chine par exemple, dans la culture indienne, dans la culture arabo-musulmane... d'autres dispositifs ont été entrevus qui ne sont ni moins ni plus « vrais ». La même continuité se trouve cependant présente au cœur de l'expérience géographique spontanée, en deçà des divergences culturelles qui varient sur l'interprétation des discontinuités. La continuité entretenue par l'apprentissage de la terre se trouve dans une structure fondamentale de la géographie de découverte : le monde est horizon et se développe comme un gradient d'accessibilité d'ici à cette limite. Or l'horizon recule à mesure que l'on avance et jamais les antipodes ne sont atteints. Les limites sont alors décidées par l'exercice de la raison, bonne ou mauvaise raison, nous le verrons. Et cela paraît paradoxal parce que l'expérience de la différence est aussi nécessaire dès l'opération d'identification.

En fait, la géographie s'équilibre sur la crête qui sépare la philosophie du sujet et la philosophie de la raison, entre ce que je connais et ce que je sais. C'est par là que passe la contradiction apparente entre les deux opérations qui consistent à lier et à découper. L'accumulation de connaissances empiriques dans la trame de la pensée construite et dans la dimension idéale de l'espace n'est, de plus, possible que sur la base d'une information de départ. Elle répond à un double questionnement : quoi ailleurs par rapport à ce qui est là ? qui est une autre formulation de la question : « Y a-t-il de la distance ? », mais centrée cette fois. Ici et ailleurs se retrouvent, assortis d'un contenu qui les objective et parfois même les matérialise. L'appel à la géographie a surtout insisté sur ce dernier aspect. La proclamation de la fin de la géographie en est la suite, lorsque la distance s'efface et que les relations s'instituent par des canaux immatériels. La forme du monde en océans et continents, en pays, n'est plus aussi pertinente dans un certain nombre de circonstances comme la circulation financière, exemple toujours repris, dont les règles s'imposent tellement qu'elles finissent par organiser l'ensemble des conceptions sociales et politiques, exagérant les contradictions liées à la persistance des territoires d'identité.

Mais l'instantanéité ne fait pas disparaître la singularité, de même que la référence à l'espace absolu des coordonnées n'égalise pas les positions. Il faut simplement inventer une nouvelle géographie adaptée aux contenus contemporains du monde puisque la relation du local et du global s'est transformée, au moins en partie.

Proclamer la fin de la géographie, c'est comme proclamer la fin de l'histoire : appliquer des manières de mesurer anciennes et mal adaptées à des problèmes inédits d'identification des écarts. L'affranchissement technique de la distance gomme la topographie, il n'annule pas la variété d'interprétation du monde. Et si le territoire est un possible trait universel pour les hommes organisés en sociétés, il en est un plus sûr encore : la culture comme faculté d'interpréter de manière toujours inédite un problème nouveau. Cette culture universelle est diamétralement opposée, dans sa substance, à la singularité instituée et authentifiée par le passé ; elle est au contraire invention, ouverture vers la singularité (non pas repli) et la multiplicité. Le drame du développement de la géographie, parallèle au drame de l'invention du monde par apprentissage de la terre, tient dans cette contradiction. La géographie comme activité spontanée de découverte, de liaison, a été retournée en une activité savante de justification des passés singuliers et de découpage des histoires par territoires, par secteurs. Contradiction que nous retrouvons aujourd'hui dans des thèses aussi opposées que « la fin de la géographie [1] » ou « la guerre des civilisations [2] ». Et ces options proviennent du même point d'observation ! C'est dire si l'invention

1. Richard O'Brien, « The End of Geography », *The Amex Bank Review*, 17 (5), mai 1990.

2. Samuel Hungtington, « The Clash of Civilizations », *Foreign Affairs*, été 1993.

du monde à venir est grande ouverte tant que le filet est tendu à la surface de la terre et qu'il peut retenir une information calibrée.

Le continent : concept pratique

Le terrain de cette réflexion avait été préparé par les géographes grecs de l'Antiquité, mathématiciens et astronomes, mais le remplissage du monde comme celui d'une vague caisse a transformé l'ordre en désordre. Ératosthène et Ptolémée avaient tracé un graticule sur la figure de la terre. La forme même de la « géographie » du bibliothécaire d'Alexandrie était d'ailleurs exemplaire : une discussion de la pertinence mathématique des lignes remarquables suivie de la collation de huit mille noms de lieux, accumulés pendant cinq siècles de voyages et d'enregistrement. Ces premiers placements ont bien permis la déduction géographique qui comble les vides de l'expérience. La circulation comme moyen de conquête et de colonisation a ensuite élargi le concept pratique de continent en autorisant la fiction de la continuité territoriale au-delà des mers.

Ce ne fut pas une première européenne, bien que nous ayons oublié les grandes navigations d'ancêtres préhistoriques. Mentalement, culturellement, les Polynésiens, dont les itinéraires de peuplement et d'échanges nous restent mystérieux, vivent encore dans un tel monde et, pour conserver ce souvenir, la dénomination paradoxale du cinquième continent se justifie. La continuité est d'abord inscrite dans l'esprit. En redevenant Australasie, comme se dessine une tendance actuelle, sa signification et ses appartenances changeraient, Aire-Pacifique oblige, un peu comme en Europe a été oubliée la naissance méditerranéenne par le choix d'une autre histoire, plus continentale. Un continent ne peut, semble-t-il, échapper à une définition par le contenu, une fixation terrestre de sa « civilisation ». Elle tire pourtant le plus fort de son identité de propriétés qui n'en font pas une chose mais une manière d'être au monde : Océanie encore, Nouveau Monde et surtout Europe, nous le verrons, ne peuvent se définir vraiment que de ce côté. Le retour à la mer a-t-il ouvert ou fermé le monde des hommes en ouvrant de nouvelles terres ? Par la primauté accordée à un contenu sur la forme, les continents récemment inventés ont été, eux aussi, fondus avec des civilisations à la suite de quelques ajustements : l'Amérique latine, le sous-continent indien. Et, pour finir, le monde arabe apparaît sous le même statut alors que le « continent brésilien » n'a pas été reconnu.

Replacée dans la situation contemporaine, la tension géographique semble s'établir entre les forces héritées, elles-mêmes parfaitement ancrées dans la terre. Des replis ou des oppositions à un monde ouvert et transparent se manifestent, interprétés comme les prémices d'une guerre des civilisations à venir. Où se trouve la désadaptation ? Dans la réalité de ce qui se vit ou dans les concepts qui servent à décrire la situation ? On peut se poser la question. D'autant que la simultanéité mondiale contemporaine réintroduit une possible définition du continent par la manière d'être au monde plutôt que par des terres héritées portant chacune une civilisation en propre. Deux mondes se dégageraient alors : un Ancien Monde marqué par la discontinuité (un monde topographique) et un Nouveau Monde formé sur la continuité des réseaux hiérarchisés. La géopolitisation des continents qui conduit à une géostratégie simpliste n'a plus beaucoup de valeur. Un nouveau terrain d'exploration se dégage pour les géographes, très différent du contenu de vieilles leçons répétées. Mais un nouveau classicisme n'est pas atteint qui pourrait convaincre les pédagogues et les médiateurs d'ajuster leur message.

La petite histoire de l'apprentissage de la terre est restée notre modèle. La distance, l'obstacle, le franchissement, la fixation conventionnelle et arbitrée des noms et des limites des choses qui portent ces noms sont toujours de notre temps ; la guerre est actuelle, alors que le sentiment et peut-être la réalité de l'unité du monde sont toujours plus forts. La mise à jour géographique se limite donc à la reproduction des opérations anciennes par l'invention de nouvelles régions mondiales. Et il s'en crée en vertu de ces schémas hérités qui sont autant méthodologiques que substantiels. Cela s'observe dans la description économique qui pense s'adapter au nouveau fonctionnement réticulé et peu localisé en élargissant l'assiette d'évaluation. En vérité, les régions mondiales, celles très diverses des regroupements contemporains, ne sont que des unités toujours topographiques (comme des territoires) plus larges que les États qui englobent les réseaux serrés et denses développés dans les proximités géographiques et historiques comme l'Europe ou même l'ALENA. Mais égaliser le monde en donnant le même statut « spatial » à l'APEC, l'UMA, le MERCOSUR ou à tout assemblage de ce type, c'est proprement inventer un monde qui n'existe pas en oubliant de rendre compte de celui qui se construit selon la même architecture que la toile d'araignée. C'est oublier la saillance d'un réseau qui lie désormais les niveaux global et local directement, sans que les institutions « intermédiaires » puissent véritablement agir. Jamais une toile d'araignée n'a transformé un mur en charpente ni une charpente en branche. Elle les place en résonance, c'est tout ; c'est un système d'information par vibration. Il faut alors écouter les échos et observer les dispositions qui se dessinent.

Le lieu : concept théorique

L'imagination œuvre-t-elle encore à la fabrication des lignes de construction d'identités géographiques ? D'où sortent les nouvelles limites ? D'une fonctionnalité simple de l'espace des échanges ? Par où et par quoi passent-elles ? Comment se déterminent les mesures pertinentes ? Définissent-elles des unités consistantes ou des nœuds assez glissants ? La virtualité attendue devient-elle ce monde-terre promise ? Que sont les lieux pour finir, que sont ces unités locales singulières réunies dans le monde ? Les questions pendantes sont innombrables. Pour cerner le monde, autant qu'un géographe peut le faire, il faut assurément commencer par définir l'unité de lieu. Après seulement, nous pourrons passer la revue des contingences et des médiums, facteurs d'organisation et règles d'espacement. Aussi bien, les sociétés et leur histoire, quels que soient leurs fondements, ne sont pas extérieures à ces processus et il faudra nous y arrêter. L'expérience et la fabrication d'une pensée du monde seront même nos objets comme représentation d'une conscience qui réussit ou échoue devant la réalité. Suivons donc cette démarche en inversant les habitudes de l'apprentissage scolaire que nous traînons, en reprenant goût à la vie et en se plaçant au cœur du seul problème qui vaille, celui de la légitimité des objets identifiés. Voyons d'abord comment émergent les unités singulières locales comme manière de fixer le monde. Alors que l'évaluation la plus simple s'arrête très vite aux conditions matérielles de la vie des hommes, nous pouvons aller plus loin et retrouver de bons morceaux d'identité dans la géométrie terrestre que s'inventent les hommes par idéologie. Nous pouvons même, et peut-être devons, poursuivre jusqu'à cette limite qui sépare le sens du non-sens, la nature du sujet et le sujet de lui-même par retrait de la conscience, la peur ou la mort. Face au monde qui enveloppe, le lieu est là ou non.

Il m'apparaît donc primordial de revenir au lieu, non pas celui qui dispose d'un génie comme l'ont répété des générations de nostalgiques des sciences sacrées, mais celui qui se crée là où je suis, pour ce que je suis. Toutes les constructions supérieures n'en sont que des assemblages pratiques, historiques, mortels – même les civilisations et les nations –, la terre n'étant pour rien dans la durée ou la résistance. Si la Chine ou l'Inde ont persisté à travers les avatars d'une histoire mouvementée, c'est plus par la structure et la capacité de résistance des sociétés que par le territoire : invitation à conserver de la distance entre les choses de la terre et celles des hommes. Il est bien vrai, malgré tout, que la terre est une ancre exceptionnelle et un médium très commode de l'identité. N'empêche, le fossé est large entre les limites que nous pouvons dessiner dans l'ordre physique et les configurations que prennent les sociétés qui n'entretiennent pas toutes le même rapport à la terre. Le problème pour nous, qui cherchons à définir le monde aujourd'hui, est de trouver la manière dont se réalise la coprésence, aussi bien dans les dispositions conscientes, les territoires, que par les formes émergentes, l'espace dit géographique. Ces retrouvailles avec les objets centraux de la connaissance que sont le lieu et le territoire ou bien avec la construction raisonnée qu'est l'espace, rendent opératoire une discipline qui a gagné dans l'action ce qu'elle a perdu en contemplation. Et c'est là une mutation fondamentale qui l'entraîne parfois vers le formalisme. L'amour immodéré de la forme au détriment des contenus a tiré son évolution dans la direction presque exclusive de l'espace, laissant peu de place à la nature non spatiale des objets nommés et étudiés. En plus de l'espace, de ses formes et de ses règles qui ont été leur dernier progrès, les géographes doivent donc retrouver le lieu et le territoire, la détermination, culturelle au sens large, des manières de poser les distances.

Faire de la géographie, c'est reconnaître et nommer la différence entre les lieux. Des lieux liés, qui donnent aux groupes humains une identité, sont des territoires, espèce un peu particulière de lieu, nous le verrons. Lieu et territoire appuient la pratique de la géographie spontanée dans des schémas mentaux volontaires. Il n'en va pas de même de l'espace. Cette dimension n'apparaît qu'à l'analyse et par l'usage raisonné d'un certain nombre de mesures. Passer à la géographie scientifique, c'est prendre ce recul et observer les dispositifs inconscients, qui ne relèvent pas de la pratique volontaire mais s'imposent cependant comme des contraintes dans le cheminement des hommes à travers le monde [1]. Les gradients de l'occupation humaine, les complémentarités, les disparités s'ordonnent par la suite de multiples choix redondants ou contradictoires qui finissent par s'organiser en boucles réagissantes. Ainsi le monde s'invente-t-il toujours entre la contrainte des règles de l'espace et la volonté des sociétés. Les explorateurs ont passé la main, mais les géographes continuent de découvrir ces formes qui se combinent différemment et ne sont pas arrêtées aux tracés physiques des continents, même pas arrêtées à la raison économique de la distance, qui coûte, ni à celle de l'identité, qui sépare. La vie, en effet, entretient le mouvement, et la société est une négociation permanente. Les fixations dans la nature ou dans la règle mathématique conviennent aussi mal l'une que l'autre à

1. Bernard Debarbieux, « Recherches sur les significations et les connaissances de l'espace géographique », dossier d'habilitation à diriger des recherches, multigraphié, Université Joseph-Fourier, Grenoble, 1995.

l'explication totale qu'elles prétendent atteindre. L'homme dont parle cette géographie de la commodité explicative, et qui botte en touche en renvoyant les spécificités de la société du côté des déterminismes externes, est un individu répliqué au multiple, la société n'est qu'un nombre, une pure abstraction que l'on appelle population comme dans le traitement statistique. Où sont passés les peuples, classes et nations, ce qui lie les individus et les sépare [1]. La distance topographique, double conséquence des modalités de la découverte terrestre et de l'affirmation de l'unicité de la place dans un espace cartésien, n'est pourtant pas la seule mesure géographique. Et il ne suffit pas de l'assortir d'un coût ou d'une quelconque autre mesure physique pour couvrir la diversité des manifestations de la différence et de l'ordre dans l'espace. La société des hommes n'est pas qu'une physique ; elle est aussi une chimie. L'invention du monde en relève par la transformation constante des mélanges. Au cœur de cette opération se trouve le lieu, un creuset.

---

1. Étienne Balibar, Immanuel Wallerstein, *Race, nation, classe. Les identités ambiguës*, Paris, La Découverte, 1988.

Chapitre 2

Le lieu

> « Où en barrant l'accent grave pour qu'on ne puisse décider entre le lieu et l'altérité. »
>
> Michel Butor,
> *Gyroscope, Canal 2, Enfilades.*

Le lieu est un des deux concepts premiers de la géographie parce qu'il trouve sa racine dans la géographie spontanée et qu'il ne subit aucune transformation par son passage au corps savant. Et pour cause, les savants géographes ne se sont que très rarement penchés sur son cas et, quand ils l'ont fait, la volonté d'approfondir était absente, tant il semblait évident qu'un lieu n'était qu'un lieu. Si la similitude d'un concept commun et d'un concept savant peut rassurer par certains côtés, cela nuit considérablement à l'explicitation de la pensée raisonnée. Lieu renvoie aux noms propres de l'innombrable ou bien, dans le lexique français, à l'indétermination : « L'espace qu'un corps occupe », dit Littré. Plus spécifiquement, la géographie française n'en finit pas de ressasser la formule de Paul Vidal de La Blache selon laquelle « la géographie est science des lieux et non des hommes ». En accord ou désaccord, mais pas plus que l'ancien maître, les auteurs

Figure 8. *Carte des sites classés de l'Unesco*

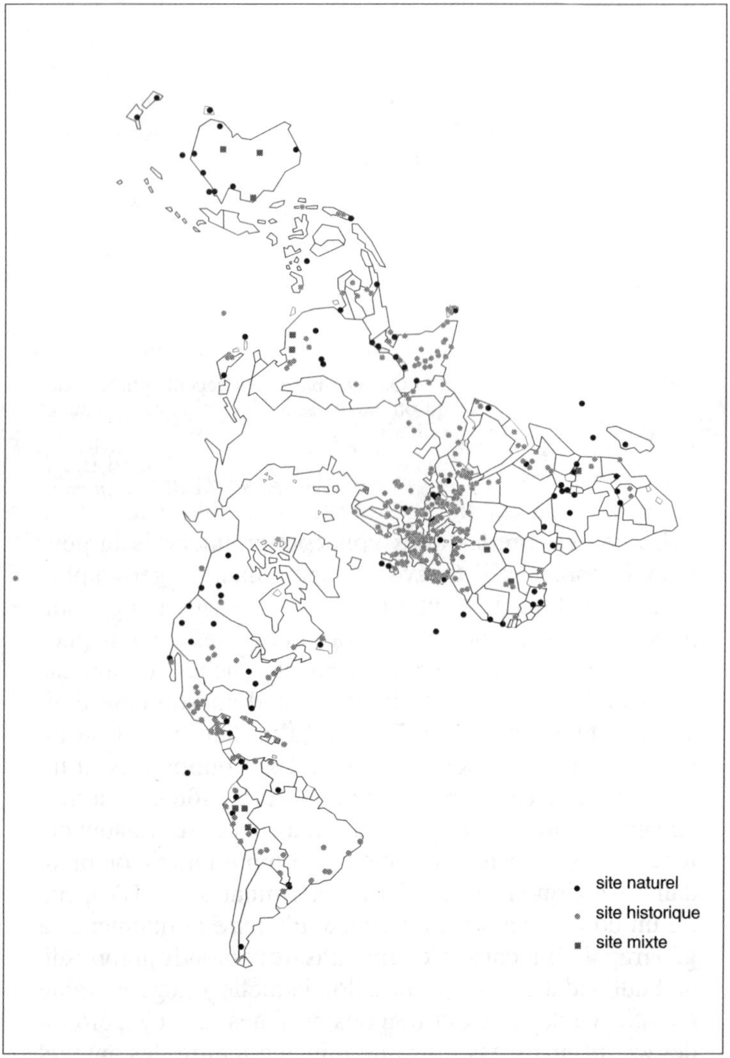

Carte établie par Marie Falcone et Benoît Pinchon (LEDRA Rouen) *source UNESCO*

contemporains ne se penchent sur l'idée même de lieu. De quoi parle-t-on au juste ? Le concept ne serait-il pas un peu mou, en (trop) libre usage ? Dans une utilisation minimale, il sert à exprimer le caractère de localisation, le travail empirique des sciences ne semblant pas pouvoir s'affranchir de ce repère pour allouer ou mesurer. Cette nécessité de localiser résonne comme un écho des catégories *a priori* de la connaissance lorsque nous ne pouvons rien dire du monde qui ne soit d'abord passé au filtre du phénomène. C'est vrai de tous les procédés d'identification. Pour les sciences ou les arts politique, économique, sociologique, historique, le lieu n'est rien de plus que le cadre provisoire d'une observation dont l'étonnante formule introductive des généralisations permet de balayer la contingence : toutes choses égales par ailleurs, dit-on. Est-il possible d'établir les critères du patrimoine mondial (figure 8) ? La valeur des lieux appartient tout entière à l'appréciation culturelle et semble échapper à l'universalité. Quand il n'est pas de choses égales par ailleurs, il faut se colleter la singularité.

Le lieu-cadre

Jean Gottmann, il y a longtemps déjà, renvoyait à la relation difficile de la théorie et de la réalité en définissant la géographie comme un « art dont l'économie politique serait la science » – c'est ainsi qu'Émile Levasseur, l'inventeur de la géographie scolaire, la présentait. « La géographie vient à l'aide de l'économie en lui fournissant son support matériel, elle intervient au passage du théorique au réel [1]. » La préoccupation de la place occupée par le fait dans la disposition du monde universel

1. Jean Gottmann, « De l'organisation de l'espace », *Revue économique*, 1, 1950, p. 60-71.

apparaît comme l'un des caractères propres de l'étude géographique. C'est ce qui en fait la science de l'organisation de l'espace ; c'est ce qui la rend si utile aux théoriciens. En vérité, cette contribution est assez malmenée, un peu comme si un physicien utilisait des instruments non étalonnés dont les principes de fonctionnement seraient inconnus. Prendre pour pertinente une donnée localisée sans s'interroger sur la nature du lieu prédéfini est de grande légèreté scientifique et travailler sur l'assiette d'une statistique devrait être le préalable à toute analyse. Mais la difficulté est grande. L'assiette doit-elle être neutre ou adaptée, voire définie comme une base *ad hoc* ? Il faudrait choisir entre le non-sens et la tautologie ! Le lieu ne peut-il disposer d'une définition pour lui-même ? Les évolutions de la statistique territorialisée en France éclairent le problème.

Alors qu'il n'est pas encore évident pour tous (en particulier les élus locaux) que les statistiques communales sont dénuées de pertinence globale aussi bien dans les agglomérations urbaines de plusieurs communes que dans les territoires ruraux, et n'ont de valeur que dans le cadre d'une gestion fractionnée dont les effets de concurrence entre collectivités territoriales sont assez déplorables, la ZPIU (zone de peuplement industriel et urbain) et le « bassin d'emploi » doivent être abandonnés pour le prochain recensement. Ces deux unités statistiques dépassent justement les cadres politico-administratifs mal adaptés. Or près de 100 % de la population française vit désormais en ZPIU (traduire en ville au sens de la fonctionnalité). On ne saurait visiblement conserver une unité de compte qui gomme toutes les différences préalables d'enregistrement, comme s'il n'était pas concevable que disparaisse l'opposition ville-campagne, le dispositif géographique le plus immédiatement reçu après qu'on a bien appris la terre, le monde, et la géographie de la France à l'école. Aussi les techniciens de la statistique cherchent-ils à établir un nouveau découpage qui permettrait de traiter à part l'infra-urbanité. Comme toujours en la matière, la forme définit le contenu.

Dans le cas des « bassins d'emploi », les critiques sont anciennes et toujours marquées des mêmes préjugés. Le bassin d'emploi ne renvoie pas à une unité politique et administrative, il lui manquerait alors la « souveraineté » d'un niveau de décision et, pour tout dire, la légitimité. Dans la dernière loi d'aménagement du territoire, la réapparition des « pays » ajoute encore des motifs d'abandon. Il faut aux unités une identité attachée au passé et à l'homogénéité d'origine rurale. Tout le territoire national ne sera pas couvert de tels « pays » qui concerneront plutôt les espaces laissés libres ou même en déshérence par l'organisation fonctionnelle de la société englobante. Ainsi apparaît une sorte d'incapacité à envisager une couverture homogène de l'information localisée autrement qu'en la fixant dans un cadre administratif bon à tout. Et la commune, finalement, résiste bien parce que, dans la définition du lieu, la variété des situations locales exprimant la singularité rend impossible une couverture homogène, fixe, universelle et d'échelle constante. Autant conserver ce qui a au moins le sens d'un héritage et porte un nom d'usage. Ainsi, la définition de la localité élémentaire varie-t-elle considérablement dans les statistiques contemporaines selon les traditions d'États.

L'échelle locale

Avec le lieu, c'est en effet une échelle implicite de l'observation qui est avancée mais jamais fixée, car des tailles très variables d'objets ressortissent du même concept. Dans le spectaculaire retour du « local », le renvoi est clair à des proximités dont les fondements sont multiples. C'est parfois la solidarité de quartier, ou celle du premier niveau d'expression des votes, ou encore des identités plus ou moins folkloriques remontées des époques où, faute de moyens de circulation, l'autonomie était liée quasiment à l'autarcie et souvent à la misère. Les difficultés et les limitations en ont été oubliées ; une histoire de la grandeur des solidarités microphiles les ont gommées et s'enrichit d'une dimension nouvelle à la rencontre de la métaphysique et de la pratique : la responsabilité. C'est le « local » mythifié par l'« authenticité ». Pourtant, si les dimensions du lieu changent avec le référent pour la préservation de la cohérence, elles changent aussi avec le lien social qui assure la cohésion et qu'il serait bon de mettre à jour : le quartier n'est pas la ville qui n'est pas la rivière ou sa vallée, qui n'est pas le département... même si un seul nom est partagé. Et nous ne savons toujours pas comment se décide la légitimité d'un niveau ou d'un lien. D'ailleurs, nous ne saurons pas bien ce qu'est le « local », géographiquement donc socialement parlant, tant que nous ne saurons pas ce qu'est un lieu. Les discours de mobilisation vibrent si souvent qu'ils rendent flou leur objet.

Un des progrès réalisé par la géographie pendant sa période naturaliste avait consisté à adapter la méthode taxonomique : des catégories d'objets et une organisation en paliers définis par l'ordre de grandeur, du mètre carré à la dizaine de milliers de kilomètres carrés. Seules les surfaces pouvaient donc être classées dans le tableau géographique final, bien établies donc limitées. Les réseaux ne pouvaient être pris en compte qu'à la condition d'être, eux aussi, limités, circonscrits dans une surface, perdant, là, leur propriété première. Par approximation, les ordres de grandeur ont été fixés et ont renvoyé à des types de phénomènes précisés : la parcelle, le terroir, le pays, la région, la province, le domaine, la zone. La zone est astronomique et la variété interne provient de la « géographie » (il faut entendre par là le relief majeur de la surface terrestre et l'alternance océan-continent). Des domaines continentaux, océaniques ou montagnards divisent les zones. Eux-mêmes sont différenciés par la variété des civilisations. Le domaine alpin, dans la zone tempérée septentrionale, retombe en provinces française, italienne, suisse, autrichienne, allemande, qui sont encore justiciables d'un découpage régional, plutôt historique, comme le Dauphiné ou le Trentin. Mais l'unité de reproduction de la cellule sociale est plus réduite encore, c'est le pays (une vallée par exemple) composé de terroirs homogènes complémentaires qui sont les bases économiques de l'échange entre des individus propriétaires ou exploitants de parcelles. À chaque niveau, il existe bien une forme d'unité autour d'un principe qui fait de chacune un lieu à sa manière.

Une première remarque s'impose. Cette panoplie n'a d'utilité que dans les espaces dominés par des civilisations agraires et militaires qui ont la surface terrestre pour référence. Dans cette ligne, l'usage a restreint la définition du lieu aux plus petites dimensions sans pour autant rendre possible la désignation ferme d'un ordre de grandeur. Surtout, il a effacé la perception des liens par la réception simple de ces lieux. La définition géographique en extension est handicapante pour finir, même si elle permet les classements bien propres en contiguïté et en emboîtement. Il lui manque la capacité à comprendre les réseaux qui, une fois découpés, n'en sont plus tout à fait [1].

---

1. Un concept, un objet de manière générale, peuvent se définir de deux manières : en extension par une délimitation, la liste close des éléments qui le composent ou en compréhension par une propriété.

Les définitions géographiques en compréhension, qui sont l'autre manière de faire, n'utilisent pas l'ordre de grandeur comme premier critère. Elles ne supposent pas réglée la question de la limite. Cela montre au passage que faire de la géographie ne peut-être une simple opération d'addition ou de subdivision qui supposerait l'homogénéité préalable des objets. On ne peut additionner des marchés ruraux pour obtenir des régions homogènes par la géologie et « donc » le genre de vie, qui, mises ensemble dans leur diversité et leur complémentarité, donneront naissance à la nation et au pouvoir politique organisateur, en gros semblables selon la latitude à laquelle on se trouve. Tous les dérapages ont été tentés au moins une fois et ont souvent produit les culbutes du pire déterminisme. Une civilisation n'est pas une somme d'États, pas plus que l'économie mondiale n'est la somme des économies nationales... La géographie simpliste commune se satisfait pourtant de ces approximations. Pis, elle fournit à des disciplines et à des acteurs très sérieux des résultats pris tels quels, puisque c'est la certitude des choses que l'on peut nommer : l'Asie-Pacifique apparaît ainsi brutalement, tout comme les « Tropiques » ou le Tiers Monde avaient fait irruption, et le « Nouveau Monde » en d'autres temps. Un espace quelconque n'est pas une somme de lieux ; le lieu n'est pas un cadre de dimension donnée.

La circonstance de lieu

L'unité de lieu tient à un principe qui recouvre et réunit tous les phénomènes s'y rejoignant et les domine au point de leur donner un sens en commun. Ce sont les odeurs qui peuvent jouer ce rôle autant que la vue ou le bruit, si l'on s'en tient à des déterminants physiques perceptibles. Ce peut être un sentiment, un choix économique ou politique qui s'impose...

Mircea Eliade, quittant Ceylan, « comprend... que l'on se sépare, peut-être pour toujours de l'endroit le plus beau... » Et bien que le souvenir développe un itinéraire de Colombo au Pont d'Adam, l'île tout entière n'est qu'un lieu, très marqué par l'entrée, « quand on est accueilli par le vent chaud et parfumé des plages ». Cet itinéraire est une succession de passages : le parc, le train, la forêt, le village de pêcheurs. À chacun d'eux, l'ambiance, l'agencement singulier des choses se recréent. Qu'un caractère s'impose à tous et le détail des autres s'efface : le lieu est une réunion ; le Ceylan d'Eliade a les fragrances pour liens [1].

La scène placée sous le regard est plus souvent retenue comme lieu parce que la vue est le sens organisateur de l'espace, celui qui peut localiser avec précision en direction et en distance. Il nous faudra donc nous arrêter au paysage qui a semblé si proche du lieu qu'à un moment il a constitué l'objet privilégié de la géographie. Une manière détournée, en quelque sorte, de traiter de l'unité fondamentale sans théoriser, sans s'abstraire, en s'approchant au plus près de la méthode naturaliste, garante de scientificité en géographie, ce curieux hybride entre les sciences naturelles et les sciences humaines.

Or, malgré l'apparence sensible, le paysage tient autrement que par un cadre qui l'enferme. Le regard qui court de proche en proche construit un trajet qui organise les formes, les volumes, les couleurs et fixe un sens en choisissant ses pivots et ses axes. Le déroulement du convoi funèbre de la mère de Meursault renferme un bel

1. Mircea Eliade, *L'Inde*, Paris, Éditions de l'Herne, 1988 ; Paris, Presses Pocket, 1990.

exemple en quelques pages [1]. La lumière, la chaleur, les personnages, les sites se composent progressivement tout au long de la descente qui conduit du mouroir au cimetière.

« Le ciel était déjà plein de soleil. Il commençait à peser sur la terre et la chaleur augmentait rapidement. Je ne sais pas pourquoi nous avons attendu assez longtemps avant de nous mettre en marche. J'avais chaud sous mes vêtements sombres. Le petit vieux, qui s'était recouvert, a de nouveau ôté son chapeau. Je m'étais un peu tourné de son côté, et je le regardais lorsque le directeur m'a parlé de lui. Il m'a dit que souvent ma mère et M. Pérez allaient se promener le soir jusqu'au village, accompagnés d'une infirmière. Je regardais la campagne autour de moi. À travers les lignes de cyprès qui menaient aux collines près du ciel, cette terre rousse et verte, ces maisons rares et bien dessinées, je comprenais maman. Le soir, dans ce pays, devait être comme un rêve mélancolique. Aujourd'hui, le soleil débordant qui faisait tressaillir le paysage le rendait inhumain et déprimant... »

On comprend qu'un décompte statistique des éléments renfermés dans un paysage ne pourra jamais être qu'un appauvrissement considérable de la variété des regards. C'est en eux que se construisent les compositions. Il faut se rappeler l'homme bleu du désert que rencontre Lalla.

« Elle ne connaît pas celui qu'elle appelle Es Ser (le secret), elle ne sait pas qui il est, ni d'où il vient, mais elle aime le rencontrer dans ce lieu, parce qu'il porte avec lui, dans son regard et dans son langage, la chaleur des pays de dunes et de sable, du Sud, des terres sans arbres et sans eau. Même quand Es Ser ne vient pas ; c'est comme si elle pouvait voir avec son regard... comme si elle était entrée dans le monde qui est de l'autre côté du regard de l'homme bleu. Alors apparaissent les

---

1. Albert Camus, *L'Étranger*, Paris, Gallimard, 1957.

choses belles et mystérieuses. Des choses qu'elle n'a jamais vues ailleurs... [1]. »

Le lieu est cette rencontre. Les choses mortes du paysage traité comme une nature n'y suffisent pas. Les sens plus généralement sont insuffisants, autant que les apparences.

Il en va de même avec les liens sociaux plus ou moins institutionnalisés, qu'il s'agisse de la famille dans tous ses genres, nucléaire ou élargie, de la tribu sous ses différentes formes, de la caste, du marché ou de la société politique... aucun ne permet la désignation du niveau local. Pour une raison très simple : les liens sociaux relèvent tous des réseaux et leurs nœuds ne peuvent être ni des cadres ni des dimensions. Par les réseaux sont animés des flux dont les aiguillages varient. Il semble alors qu'une définition scientifique du lieu comme objet soit improbable parce que, dans une définition, la fin est comprise, alors que la désignation du lieu exprime surtout une sorte de concurrence pour la position centrale et une constante animation.

Une piste s'ouvre pourtant dans la distinction que proposait Braudel, par exemple, entre la vie matérielle et la vie économique, puis entre le marché et le capitalisme et qui pourrait être élargie à la vie sociale en général [2]. La valeur d'usage (nous dirons l'expérience), la valeur d'échange (l'action), et nous pouvons y ajouter l'information (la culture), sont trois « niveaux » de rencontre au long d'un axe : la valeur d'usage et l'information aux deux extrémités, l'échange lui-même comme axe. À la

1. Jean-Marie Le Clézio, *Désert*, Paris, Gallimard [1980] ; Folio, 1985, p. 97.

2. Fernand Braudel, *Civilisation matérielle, économie et capitalisme*, Paris, Armand Colin, 1979.

valeur d'usage, à l'expérience, à l'empirie correspondrait le local ; à l'information, à l'abstraction, à la théorie (ou à l'idéologie) correspondrait le global. Le vecteur de la relation porte l'échange qui est économique, culturel, politique. Il donne naissance au lieu par la focalisation d'informations globales dans la réalité immédiate.

Il ne suffit pas d'une proximité pour faire un lieu ; il ne suffit pas non plus d'une présence observatrice de quelques ingrédients rapprochés. Il faut encore un déclenchement, une circonstance qui placent les sujets et les objets en position d'interaction. C'est là que l'on rencontrera le caractère fortement phénoménologique et non essentiel du lieu. Cette caractéristique est largement oubliée, inconsciente selon les analyses communes, et pourtant marquée par l'exercice de la conscience justement. Deux petits détours suffisent à le rappeler.

Le premier passe par la foire. Les forains et les chalands se retrouvent en un site vide le plus clair du temps, boulingrin ou mail, qui s'anime quelques jours par an. Et c'est à la foire que nous nous rendons et non sur la place qui l'accueille.

Le second passe par le théâtre. Je veux parler du transport des artistes et du public par la réunion d'un message, d'un acteur, d'un décor de mise en scène, le tout réuni dans un site qui contient le public récepteur et les artistes mais n'a de théâtre le nom que par métonymie inversée. Que s'y passe-t-il ? La vraie vie a été abandonnée par chacun à la porte de la salle pour laisser place à une fiction. Mais, le temps d'une représentation, la vraie vie se trouve dans la fiction et le monde extérieur, repoussé au plus loin de la réalité immédiate. Le lieu, c'est la connivence qui s'établit là par une communication directe et que l'écran de cinéma ou le téléviseur ne peuvent reconstituer tout à fait. La communication est cette vibration qui touche l'émetteur aussi bien que le récepteur et qui s'accompagne d'un ajustement permanent exprimant la présence. Il y a une solidarité dans le lieu qui est l'expression de la vie. Ce n'est pas sans importance quand une société qui a perdu ses liens cherche à en tisser de nouveaux.

Le calendrier et ses rythmes, les rites de la vie sociale, les modes sont des informations globales ; le tour de manège ou l'audition des tirades entre deux confiseries sont les usages plus ou moins valorisés par le plaisir ou la satisfaction de besoins ; le déplacement des uns et des autres vers un site convenu et son « prix » fixent la valeur de l'échange et permettent de prendre la mesure du lieu en même temps que d'identifier la nature de ce qui appelle l'échange : un symbole, un service...

Les lieux de la vie sont innombrables. Il en est autant qu'il se présente de circonstances différentes dans l'existence. Dès le quotidien, à la gare, dans le grand magasin, sur le trottoir, au lieu du travail, des rôles sont tour à tour suivis par chaque individu, le transforment en acteur responsable ou passif selon l'heure ou la finalité de l'action : les positions changent avec les situations. Autrement dit, le lieu est cette situation qui place les individus en position de jouer un rôle avec plus ou moins d'aisance pour des raisons qui sont institutionnelles et sociales mais aussi très individuelles et psychologiques. Cela fait que, pour chacun de nous, tous les lieux ne sont pas équivalents. Nous y sommes plus ou moins nous-mêmes, tantôt libres, tantôt soumis.

La distance annulée

Comment donc bâtir une science sur un objet aussi changeant, aussi circonstanciel et aussi multiforme. La formule de Vidal était maladroite peut-être ; elle a surtout été mal interprétée parce qu'elle fait de chaque lieu une unité définie et fixée, une chose. Or le lieu n'est un objet présent qu'autant qu'un sujet se trouve en situation. Un texte mieux élaboré du même auteur délivre un message plus riche mais oublié, inexploité de quelques idées fondatrices. Par ces lignes de l'introduction des *Principes de géographie humaine*, Vidal tente de définir le rôle de l'écologie dans la naissance de la géographie moderne : « Œcologie, c'est-à-dire, suivant les termes mêmes de celui qui a inventé ce nom (Haeckel), la science qui étudie les mutuelles relations de tous les organismes vivant en un seul et même lieu... » Et plus loin : « En somme, ce qui se dégage nettement de ces recherches, c'est une idée essentiellement géographique ; celle d'un milieu composite, doué d'une puissance capable de grouper et maintenir ensemble des êtres hétérogènes en cohabitation et corrélation réciproque [1]. » La racine commune d'écologie et d'économie, qui ramène à la « maison » la perception de l'unité, désignent le rassemblement intime, la solidarité instaurée. Mais par quoi ? L'insularité est trop commode, isolant physiquement un morceau de terre. Pourtant, si la plupart des lieux ne sont pas proprement des îles, ils en ont tous la propriété. Le regard les isole, l'entendement leur donne un nom, un signe distinctif, construisant un assemblage singulier à chaque pause, à chaque pas de la vie, à chaque circonstance, renforçant la même formule.

Revenons à la citation, chacune des deux idées mérite un examen attentif. Le lieu préexiste-t-il aux « mutuelles relations de tous les organismes vivants » ? Les éléments d'un milieu sont-ils identifiés par un site délimité ? Si

1. Paul Vidal de La Blache, *Principes de géographie humaine*, Paris, Armand Colin, 1921, p. 7 de l'édition 1941.

oui, quels en sont les critères de définition ? Cela n'est jamais dit puisque ce type de raisonnement en fausse boucle aboutit à l'aporie. À l'inverse, le lieu est-il identifié par la « cohabitation et la corrélation réciproque », comme une niche autosuffisante en quelque sorte ? Il n'est pas de réponse simple puisque jamais un lieu n'est parfaitement étanche. Le système qu'il forme reçoit des informations extérieures. Mais la part géographique de l'idée avance une proposition utile : le milieu rassemble et maintient ensemble des êtres hétérogènes en cohabitation, groupés par une puissance dont malheureusement nous ne savons rien.

Pour encore progresser vers le lieu, nous devons ajouter au milieu une dimension « spatiale » qui pourra servir à l'identification du lien et du déclencheur. À vrai dire, elle nous intéresse au premier chef. En tirant profit de l'extension imprécise du concept (nous ne savons pas par quelle puissance le milieu se ferme en un lieu, ni quelles sont les capacités d'organisation d'une puissance non identifiée), nous pouvons légitimement privilégier la compréhension, une propriété. Le lieu pourrait être la circonstance spatiale par laquelle la « cohabitation et la corrélation réciproque » s'installent. Un principe de cohésion (la puissance de Vidal), singulier, assure l'interaction entre les phénomènes, les limite à un champ. La position occupée par le locuteur ou l'expérimentateur en devient primordiale ; c'est même lui le lien fondamental réunissant l'ensemble des pièces dans une perception et dans une fonctionnalité. Dans le lieu nommé, il y a la vie et d'abord la vie de celui qui parle et qui retient (sélectionne et mémorise), le témoin-déclencheur. Il se peut même que ce témoin invente un lieu dont les acteurs présents sous ses yeux ou ses analyses n'ont aucune conscience. C'est l'écart entre la géographie spontanée et la géographie raisonnée. Existe-t-il des lieux en soi qui dépassent les possibilités de les entrevoir ? Je ne le crois pas. Il existe, en revanche, une infinité de lieux virtuels et de lieux décalés.

Pensons à l'expérience qui nous lie, imagine que je doive te dire ces lignes. Il nous faudrait nous rapprocher au point de rendre possible l'audition, c'est-à-dire nous retrouver dans un site précisé, à une heure dite. Nous réduirions les distances qui nous séparent, à la fois les distances physiques mais aussi les distances intellectuelles ; nous formerions un groupe provisoirement solidaire. N'est-ce pas cela le lieu, cet assemblage ? En arrivant à ces lignes, chacun « chez soi », chacun « pour soi », c'est-à-dire dans des sites et des moments qui sont éloignés, nous recréons un « lieu » qui n'a pas de matérialité mais une virtualité et qui n'est pas sans parenté avec l'hyper-lieu de la grande toile d'araignée. Toi et moi sommes éloignés et quelques semaines ou quelques mois séparent le moment où j'écris ces mots et celui où tu les lis. Pourtant, nous nous trouvons par ces quelques feuilles écrites puis lues.

Plus communément, nous prendrons pour lieu des circonstances qui se réalisent par l'annulation des distances physiques. Le site pérenne d'une fonction a cette capacité de réunir. Mais la relation qui s'y noue n'est pas constante : le groupe réuni dans une salle se défait et se refait régulièrement ; d'autres groupes se constituent ici et ailleurs, pour d'autres motifs : la messe ou le départ en voyage. Les mêmes se retrouvent et se connaissent ou reconnaissent, d'autres parfaitement anonymes se joignent exceptionnellement. Le lieu n'a pas, par nature, la qualité d'une identité ancrée. Il se peut que la seule fonction compte sans supplément d'âme. La fixité de l'infrastructure provoque cependant des redondances spatiales et sociales, voire culturelles, qui poussent à la métonymie et donnent la qualité de lieu à l'enveloppe qui l'accueille : l'église à double sens comme assemblée et comme édifice en fournit un bon exemple. Le lieu est alors souvent réduit au contenant, à la matérialité, au site qui provoque la polarisation des vies ou des moments de vie. Mais qu'il s'agisse de la gare, de l'école, du grand magasin, sans l'irrigation de ce flux continuel, ils n'ont pas d'existence. Non-lieux, lieux fantômes. Parce que les murs n'ont pas de mémoire, la nôtre se charge de les habiller.

Par cette propriété de la distance annulée et ses corrélats : principe de cohésion ou d'unité, circonstance, environnement, le lieu est aussi « milieu », concept délicat par la métaphore géométrique ajoutée à l'ambiance chimique. Pourtant, géographiquement, cette ambiguïté présente de l'intérêt lorsqu'une polarisation (la circonstance de lieu) crée une ambiance, une combinaison singulière. Mais l'usage du couple n'est pas fréquent après que le second terme a été réduit à l'idéal type de la situation physique (milieu polaire, tropical, montagnard, urbain...). Cet inconvénient est aisément dépassé quand le milieu est bien circonscrit à ce qui, effectivement, baigne le lieu. Dans une définition par la propriété de la distance annulée, le milieu est alors incontestablement une propriété sociale. Savamment, nous dirons une caractéristique sociétale (qui a trait à la logique générale de la société) par laquelle s'établissent les relations dominantes qui donnent leur teinte à toutes les autres, comme la relation marchande dans le monde d'aujourd'hui. Les économistes ne s'échinent-ils pas, désormais, à intégrer les valeurs et les coûts environnementaux dans leurs calculs et modèles ? Ce milieu n'est qu'une contrainte, cependant, devant laquelle les individus sujets se déterminent en fonction d'arbitrages qui sont d'abord sociaux et expriment des rapports de force ou de persuasion.

Le sujet du lieu

Faire de la géographie, c'est nommer, c'est déjà dit. Mais l'activité n'a rien à voir avec la répétition nomenclaturale : derrière l'identification liée à la découverte que nous avons traitée se cache encore le principe du lieu, c'est-à-dire le lien et la circonstance spécifiques qui lui donnent son unité. C'est toute l'efficacité des stéréotypes qui renferment cette information complexe. Les noms ne sont pas écrits sur la terre ou, quand ils y sont sous une quelconque forme de signalisation, c'est toujours après qu'un individu ou un groupe a décidé de la chose à identifier et du nom seyant. Maghreb ou Afrique du Nord, quoi qu'on en dise, ne portent pas le même sens ; Proche-Orient et Moyen-Orient non plus. Selon la langue de désignation, l'objet prend des contours différents. Avec Inde, il apparaît que l'entrée par le Nord-Ouest, par l'Indus, donne son identité et son unité au presque continent pourtant bien diversifié ; Inde est nommée de l'extérieur par des envahisseurs successifs ayant tous franchi la même porte [1]. Les exemples sont bien sûr innombrables, surtout ceux de l'appellation multiple qui rendent compte d'une identification par l'usage et renvoient aux sujets, laissant penser que les contours varient avec les sens. La superposition d'un nom vernaculaire et d'un nom importé n'est pas rare à travers le monde, du fait de l'activité nomenclaturale universelle des Européens. Les noms de second baptême sont alors des reprises transformées de noms locaux : Wyoming, qui désigne la plaine en algonquin, devient le nom propre d'un État ; Niger, qui désigne le fleuve ou la mer en arabe et en tamacheq, nomme de manière propre un

1. François Durand-Dastès, « Inde, le pouvoir d'un nom », *Géographie universelle, Monde indien*, Reclus/Belin, 1995.

fleuve et un État, etc. Ailleurs, le baptême européen efface les noms primitifs, de Los Angeles à Buenos Aires, de Groenland à Burma.

Noms locaux, noms attribués, noms multiples, noms uniques, la nomenclature géographique est en perpétuel mouvement, une activité d'invention. C'est dans ce réservoir que puisent les géographes, qui n'hésitent pas à en fabriquer eux-mêmes : un nom commun peut, par eux, devenir nom propre, comme alpe ; un nom propre devenir nom commun, comme Karst. On saisit la différence entre la découverte et l'invention du monde, l'activité la plus proprement géographique étant la fabrication de sens par le nom qui définit, ajouté à la place qui met en position [1].

Il se nomme toujours des lieux. Une nouvelle arrivée, un nouvel usage transforment la représentation et même parfois la matérialité du site et sa destination. Il n'y a de lieu et de nom de lieu que par la vie qui s'y imprime. Et je me refuse à dire, là, histoire. Car la nomination du lieu est rarement une opération de souvenir ou de mémoire sinon chez les nostalgiques maniaques de la commémoration. Bien plus souvent, la nomination d'un lieu désigne un projet, une volonté, y compris chez les géographes qui ont tendance à figer les noms dans un projet de connaissance et une volonté de classement. Il faut, pour le reconnaître, prêter un peu d'attention aux noms vivants de lieux vivants. Les Docks à Londres ne portent plus de référence à la vieille activité portuaire ; les quartiers nouveaux des euro-cités reçoivent des noms qui fleurent fort le volontarisme (Euro-Lille) ; et les nominations spontanées émergent comme des mots d'argot à forte résonance : Saint-Trop' qui ne rappelle

1. Bernard Debarbieux, « Découverte et invention de nouveaux mondes... », art. cité.

que de loin le village de pêcheurs, Roissy qui désigne un aéroport portant le nom officiel de Charles-de-Gaulle. Le lieu est donc une rencontre à caractère multiple : il y a de la matérialité, disons un cadre qui peut servir de repère, un individu identificateur au moins et plus souvent un groupe, un moment ou une circonstance qui conditionne l'identification et la fonction du lieu. Le lieu est un ensemble de relations et c'est en se plaçant dans la peau du « découvreur » – pour ne pas dire l'explorateur – que nous saisirons mieux la variation du sens selon la circonstance. Trois manières différentes d'entrer transforment l'appréhension, y compris chez un géographe de métier. Expérience.

Le premier lieu est mort et vide. Il n'y subsiste que le souvenir de la vie, en ruine : ville fantôme. Seule la rencontre avec le site éveille le souvenir, récit entendu ou lu, savoir commun plus ou moins mythifié. Matériellement, il ne reste que le cadre qui, magnifié par son état de ruine, plonge l'observateur dans une rêverie ou une reconstruction qui n'a de sens que dans l'esprit de celui qui est là. Aucune contrainte de la vie sociale ni même de la survie physique ne joue. Il n'y a rien là et pourtant...

C'est l'expérience de l'absence, celle d'un géographe à la recherche des hommes ou de leur société qui ne rencontre dans un site que les traces naturalisées d'une occupation déjà ancienne. Les pierres des maisons ont la teinte et la patine des roches environnantes, la place n'est ni animée, ni même habitée. Un lieu abandonné, dans le désert, est-il un non-lieu ? La question peut être élargie : des sites « naturels », comme le Grand Canyon ou l'Everest sont-ils des lieux ? Remarquons qu'ils portent des noms, ce qui constitue un signal très fort. Ils sont chargés des symboles qui placent leur solitude au cœur même du dispositif géographique culturel.

Le second lieu est occupé et vivant, actif même, en plein développement. Encombrement du marché, couleurs, bruits. Le refuge, c'est la maison de la famille amie. Les itinéraires, les visites, les conversations enregistrées passent par l'usage des convenances. Les relations sociales du géographe sont filtrées par celles des hôtes qui orientent le regard porté sur la société locale globale. Tous les enjeux retentissent dans une perception qui n'est pas vraiment distanciée. Plus même, la présence étrangère amplifie les tensions et libère des rancœurs ou des revendications jusqu'alors non dites.

À l'inverse de la première, cette expérience enferme le visiteur dans un rôle déjà défini qu'il ne contrôle pas. Un observateur étranger peut-il considérer les individus et les sociétés qu'il examine comme des pierres, posant entre lui et l'objet une distance de protection qui assure l'objectivité et la scientificité ? Ou bien l'empathie est-elle la seule possibilité d'entrer dans le lieu par annulation des distances ? La position du géographe-sujet contribue fortement à l'identification et même au jugement. La catalyse est une autre conséquence de la présence. Cela signifie qu'un lieu provisoire s'est créé autour du géographe-enquêteur, dont il reste à saisir les liens avec les lieux ordinaires de la vie.

Le troisième lieu est aussi occupé et actif mais parfaitement opaque. Pas de famille amie ; une société fermée, hostile même, à la présence étrangère. Les activités qui font le lieu social local sont cachées au plus profond des maisons, loin derrière la façade des convenances. Les bâtisses sont serrées les unes contre les autres, ne laissant libres que les passages d'un labyrinthe et ne présentant en longueur de rue qu'un mur continu et aveugle. On n'entre pas ; on ne sort pas. Les va-et-vient sont nombreux, bien sûr, mais silencieux. Le voile ne protège pas seulement du sable.

Que reste-t-il pour désigner et cerner ce lieu ? La matérialité visible des œuvres construites, des maisons dont les formes et la position varient, le compte des entrées et des sorties sans savoir si les mouvements des hommes et des produits ont un sens économique, social, politique, sans savoir même si le transfert physique correspond à un mouvement dans l'esprit de l'organisation sociale, les unités domestiques pouvant éparpiller les remises et les biens pour des raisons de sécurité ?

L'extériorité et la distance sont garantes de la science mais, en géographie, dans la définition du lieu qui est l'unité de base, ce peut être aussi le passage à l'incompréhension totale et l'absence de pertinence. Le dilemme porte sur l'universalité. Pour obtenir des critères de mesure parfaitement objectifs, il faut effacer soigneusement toute empreinte culturelle. Mais l'illusion n'est pas loin quand ce qu'une société laisse voir de ses activités n'est qu'un choix volontaire des apparences, un bouclier. Plonger vers d'autres postures de recherche ou simplement de présence réintroduit le sujet : le sujet acteur, le sujet observateur.

Ces relations qui peuvent sembler exotiques ne le sont pas nécessairement. Nul besoin d'aller se perdre au désert ou se frotter à des sociétés éloignées pour reproduire les mêmes « environnements ». Nous pouvons chaque jour vivre ces types de rapport aux lieux, limités aux sites et à l'imagination, guidés par la norme sociale à l'intérieur d'un dédale de significations ou victimes volontaires des apparences mesurables. Ce sont trois manières de faire de la géographie : simplement décrire, en fait se décrire, vivre impliqué, ou appliquer à toutes les circonstances les mêmes routines. Au second degré, ces manières de faire de la géographie sont elles-mêmes observables comme des postures et des méthodes largement responsables des résultats obtenus. De la dernière expérience surtout, je retiens la résistance de l'objet même, fait de subjectivités, qui s'impose à moi par son enveloppe la plus matérielle et dont je ne saisis pas forcément bien la nature. Je comprends là une tendance fâcheuse à identifier des individus ou des groupes sociaux par des noms de lieux en évitant de montrer tous les enjeux de pouvoir qui se logent dans les localismes.

Par une activité raisonnée spécifique, l'invention du lieu de géographe est plus homogène que dans la vie sociale spontanée. Le besoin de communiquer, l'usage de la carte codifiée, la recherche de généralités de localisation conduisent à privilégier quelques fonctions et par là des formes assez générales. Habiter et produire sont de celles-là, qui désignent des lieux ayant forme de point sur une carte et correspondent à des agrégats. Les itinéraires parcourus sont plus ou moins denses, les lieux plus ou moins serrés, voire emmêlés : dans la ville, les multiples usages des mêmes sites en augmentent considérablement le nombre ; dans le désert, au contraire, le puits focalise toutes les routes. Au passage, par l'extension de sa vision, le géographe risque de perdre l'attention qui doit être portée aux fils ténus qui relient chaque lieu à tous les autres lieux et qui ne se retrouvent pas dans les catégories spatiales qui séparent. C'est encore une question de méthode qui relève directement de la posture du « chercheur ».

Grossièrement, deux pratiques géographiques étaient distinguées pour commencer : une pratique spontanée et une pratique raisonnée. Les deux sont justiciables d'une observation et leurs résultats comme leur finalité ne sont pas exclusifs. L'activité spontanée, qui consiste à nommer, identifier et lier, produit le territoire ; l'activité raisonnée, qui consiste à mesurer, mettre en forme des phénomènes non immédiatement visibles, produit l'espace pour nommer encore, de manière seconde, en découpant et classant (mais ce qui est mesuré dans la dimension spatiale, c'est le résultat des choix territoriaux d'hommes organisés en société, exploitant la distance et la ressource, déjouant la contrainte ou s'en arrangeant). Territoire et espace sont tous deux des arrangements de lieux. Le premier ressortit à l'exercice de la volonté ; le second s'impose par un ensemble de contraintes autour de la distance dont je dois savoir pour qui elle s'exprime et comment.

Variation 2

Le paysage comme intermède

> « Au début, surpris par cet air étrangement léger et par ce spectacle grandiose, je suis resté comme frappé de stupeur. Je regarde derrière moi : les nuages sont sous mes pieds, et je commence à croire à la réalité de l'Athos et de l'Olympe en voyant de mes yeux, sur un mont moins fameux, tout ce que j'ai lu ou entendu à son sujet. »
>
> Pétrarque, *L'ascension du mont Ventoux.*

Le corrélat du lieu est plus souvent physiographique que chimique. C'est le paysage. Le texte de Mircea Eliade, pour rester à Ceylan, nous en a livré le secret. Au long de l'itinéraire, le lieu unifié par l'odeur se décompose en morceaux présentant chacun un aspect nouveau et une composition originale. Nous retrouvons bien de quoi identifier un lieu comme assemblage spatial d'objets ou de phénomènes en une unité. Mais si le milieu impliquait le sujet presque totalement, du moins en géographie spontanée, le paysage suppose une mise à distance et une relative altérité rendue possible par la préférence donnée à un seul sens de l'expérience, la vue, qui est aussi celui de la plus longue portée. Quel que soit le statut scientifique du paysage, que nous devons discuter, il est, dès l'expérience spontanée, sur la même voie qui conduit à la construction raisonnée de l'espace par la maîtrise de la distance qui lie et sépare à la fois.

Du lieu au paysage géographique

Le paysage observé est à rapprocher du milieu senti. Tous les deux amènent le lieu à la dimension de l'expérience. L'opération géographique, dans sa forme scientifique la plus rudimentaire, n'en est que la décomposition analytique qui a pour but l'isolement d'un élément dominant. Le long d'itinéraires codifiés en direction et en intervalles, cette information est accumulée et le vocabulaire s'adapte comme il peut. Pays, région, province... les paysages changent, les milieux aussi et, selon la dimension, les principes d'unité. Le paysage, qui n'est plus vu mais étendu, se construit sur la base de quelques éléments retrouvés dans une combinaison à peu près constante. Le paysage « géographique » s'invente ainsi.

Le paysage est d'abord un lieu, un morceau de terre, le rapprochement de phénomènes vus ensemble mais dont rien ne dit la liaison. Il est une pure représentation, même si sa matérialité est évidente. Sa construction composée relève du discours et d'un ordre que nous imaginons, en ramenant tout ce qui est vu là, à une seule et même dimension. Le problème, pour passer à la géographie, c'est d'organiser ces paysages dans la dimension spatiale puisque les maisons, les versants, les climats ou les champs ne relèvent pas des mêmes processus d'extension. Par ailleurs, pour placer des limites, il faut encore approcher de l'exhaustivité des paysages ou des lieux, ce qui est bien sûr impossible. Enfin, dans les paysages, l'importance des choses peut varier considérablement selon l'ambiance : un poteau dans le désert se remarque plus qu'une pancarte publicitaire à l'entrée d'une ville. Il faut donc toujours revenir au lieu et au principe qui le cerne. Une expérience simple de géographie relève aisément les courts-circuits d'un tableau du monde par les paysages.

Itinéraire de paysages en paysages

Tout près du Pont d'Adam, le haut-fond qui relie Ceylan au Dekkan, une plage de sable blanc plonge dans l'étendue bleue très ciel et immobile à cette heure surchauffée de la journée. Aucun mouvement. Même les cocotiers penchés sur la plage semblent figés. Les barques sont tirées assez haut et aucun bruit ne s'élève des maisons pourtant ouvertes. Le sommeil ou l'abandon ont gagné ce petit paradis qui tourne le dos au chemin de fer, à la route, pour ne regarder que la mer. Mer de pêcheurs.

Pas si loin, c'est la présence qui comble la vue. Fourmilière, vieille image usée, les maisons si proches les unes des autres que jamais vous ne savez si vous quittez le village, cascades de terrasses qui coupent la pente et portent le riz. Ceylan toujours. Les nuances de vert enregistrent les rythmes du calendrier agricole. Pas âme qui vive. Où sont-ils donc ?

Traversée de l'océan Indien, montée des hauts plateaux d'Afrique de l'Est. De l'autre côté de la mer puis au-delà de la montagne, après avoir traversé fleuves, lacs et marécages au lieu de naissance du Nil, le grand désert se présente. Grand ? En fait je n'en vois rien, mais je me dis un nom : Sahara, et cela suffit. Sans l'accumulation des cartes et des savoirs, je n'aurai pas pu dire océan, montagne. Alors Sahara ! En fait, je n'ai immé-

Figure 9. *Itinéraire de paysages en paysages*

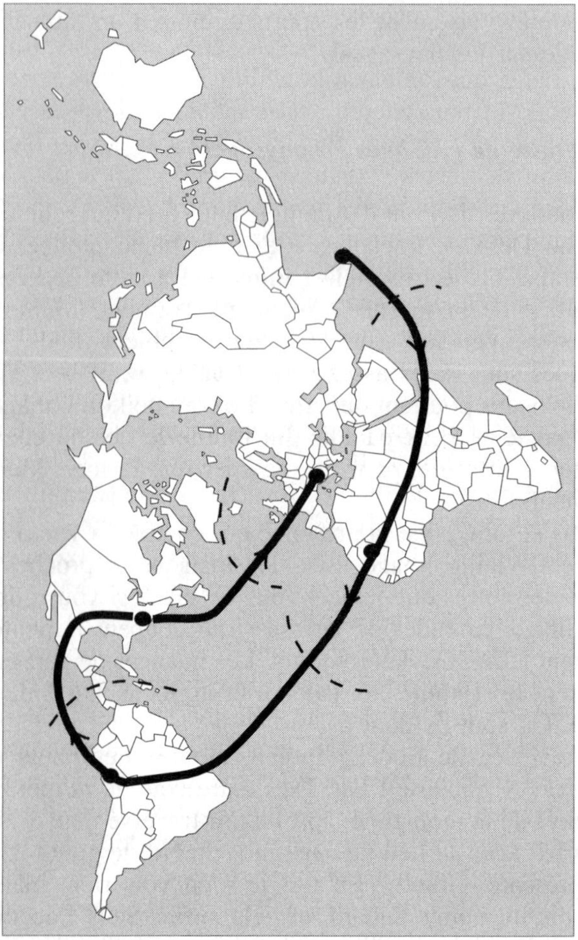

diatement appréhendé que la mer, un mont en arrière du rivage puis un autre après le passage d'une vallée, puis une autre vallée, ainsi pendant plusieurs jours avant d'arriver devant un horizon élargi, d'une couleur uniforme quoique variable avec les heures. Une nouvelle traversée s'impose, de la mer de sable, cette fois. Encore une image qui remplace la réalité. Les rochers sont très présents. Et puis encore des montagnes, des lacs et des marécages. Ce ne sont plus les mêmes, isolés qu'ils sont au cœur de vastes étendues inanimées. C'est pour cela que je l'appelle désert. Chaque étape fait lieu : un puits, un équipement sommaire, pour peu que je passe par les routes, une ville de temps à autre, un bouquet de palmiers qui cache les maisons aveugles et un réseau serré de ruelles tortueuses mais ombreuses. Parfois, en quittant les sentiers parcourus, une tente isolée et, toujours surprenant, loin de tout, un piéton. Plus saugrenu encore, le long de la grande plage mauritanienne, je peux réunir en un seul champ la dune, le dromadaire et le baigneur en m'efforçant d'éliminer le véhicule tout-terrain et la foule des pêcheurs affairés. Océan Atlantique.

Remarques-tu le besoin constant de savoir où tu en es de ce circuit ? Ne peux-tu pas circuler libre à travers le monde sans chercher à répondre toujours à la question « où ? » pour commencer, qui revient, à mon avis, à poser d'abord la différence. Il m'est arrivé, comme géographe – et là c'est piquant – de me moquer totalement de l'endroit où je pouvais être, bien qu'en situation de recherche, de ne pas noter les identités de mes interlocuteurs, seul comptant ce qui se passe dans l'instant, comme c'est là. En l'avouant, j'entends déjà la rumeur académique : les fichiers, les fichiers...

Océan, continent, forêt, marécage, montagne, vallée. Puisqu'il faut toujours tout savoir : Atlantique, Amérique, Amazonie, Llanos, Andes. Les terrasses vertigineuses, qu'on appelle *andenes* justement, sur plus de mille mètres de dénivellation. D'avoir écrit Andes, l'effet se trouve supprimé, le savoir savant veut s'affranchir de la culture qui lui donne les noms. Ce n'est pas très grave. De savoir Andes, de penser montagne méridienne de dimension continentale me fait perdre de vue la réalité immédiate ; le paysage dit géographique a anéanti le lieu. Un village accroché sur l'éperon se fond dans le rocher et semble le calque de ce qui s'observe sur le versant qui fait face. Mon expérience de géographe commence à se forger. Je compare, je classe, je raisonne. Dans les montagnes qui me sont familières, là-bas en Europe, les deux versants d'une vallée ne se ressemblent pas, j'ai même appris à utiliser des noms locaux comme *adret* et *ubac* pour décrire le paysage dans les exercices très formels de mon entraînement scolaire. Mais je ne retrouve pas ce que je sais. Il me faudra probablement raisonner encore sans me contenter de voir, car je ne vois assurément pas tout avec mes outils de savant dépaysé. Autant dire d'ignorant. En tout cas, l'alignement de paysans à chapeau rond, femmes en tête, qui entament la préparation d'une parcelle parfaitement biscornue bien que tracée et montée à la main de l'homme, est bien là, et bruyant. Tout est rudimentaire, l'habit, l'outil, le toit (puis-je dire maison sans fausser totalement les vues de l'esprit ?). L'unité d'apparence par la pauvreté restitue mal le génie et l'organisation nécessaires à de pareilles constructions, la nature domptée, mais c'est aussi le signe d'une société implacable qui a rejeté les faibles sur les terres agricoles impraticables ou presque. Et les terrasses abandonnées, là-bas, de l'autre côté de la vallée, me disent sans doute que ces pauvres se sont jetés sur la ville. Du savoir, toujours du savoir.

Sous le grand arbre, l'écureuil vient vérifier le contenu de la main qui se tend vers lui. Un bourdonnement assez lointain, confus, ne s'accorde pas très bien avec l'ambiance visuelle. Le parc, aussi immense soit-il, reste parc lorsqu'il est le centre de la ville. À New York, où la nature a disparu et contre laquelle il n'est plus vraiment besoin de lutter sinon par climatiseurs et chasse-neige, le mythe américain du *wildness* est préservé, en image au moins. Il suffit d'ailleurs de quitter des yeux le spectacle préservé d'une nature entretenue pour retrouver la barrière des gratte-ciel sans changer de poste d'observation. Et les rochers moutonnés, usés par le glacier qui passait là il y a quelques dizaines de milliers d'années, témoignent d'une autre variation du lieu, dans la dimension du temps cette fois, qui s'ajoute à la variation du point de vue. Central Park est un élément du paysage new-yorkais, New York est un élément du paysage de Central Park. La composition choisit l'ordre.

Un paysage n'est pas une chose. Je le crée en entrant dedans. Comme dans le lieu, dans le paysage il y a la vie et d'abord celle de celui qui le construit, pour soi ou pour les autres, par des mots. Parfois en rapportant des photos. Et l'image, un peu comme la carte, servira de médium, de support à la réalité vécue et restituée. Tel ce paysage familier, si proche. Maisons de pêcheurs, toits de tuiles peu pentus, filets tendus, barques tirées au sec, couleurs vives des murs, des volets et du linge étendu. Quelques signes ne trompent pas ou trompent si bien qu'ils activent en nous le sentiment d'être là chez soi. C'est Anne qui, après le tour photographique de paysages du monde, s'écrie : « les Charentes ». Non pourtant, mais Burano dans la lagune de Venise. Il faut dire que le Rochefort des demoiselles de Demy en a les couleurs peintes en décor.

Les distances sont bien relatives, pas seulement dans la mesure topographique de la terre. Qu'est-ce qui fait que je rapproche ou que j'éloigne, que je relève ou non un objet, que je m'interroge et que je progresse de plan en plan ou selon une divagation peu codifiée ? Quelle est la part de la chaleur, de la couleur, du bruit dans ma circulation, lorsque j'y suis plongé ? Comment une approche desséchée, comme on peut la pratiquer sur une image, qui décompose les paysages en plans et compte les scores, peut-elle produire du savoir ? Pour le paysage comme pour le lieu, dans une enceinte préalablement délimitée ou dans la continuité sans limite, il est possible de compter les arbres et les maisons, les champs et leur dimension, d'établir des positions. Il manquera toujours à cette analyse le sens de l'arbre, de la maison, du champ ou de la voie. Il n'y a pas de paysage comme il n'y a pas de lieu sans vie.

Les paysages durcis

Le tour proposé plus haut suit un itinéraire. Quelques trajets sont évoqués, mais où et comment se placent les limites entre les « pays » ? Comment passe-t-on du lieu-paysage au paysage dit géographique, une reconstruction en surface ou en catégorie qui distingue le littoral tropical du littoral « tempéré » européen, la rizière asiatique de la montagne sèche américaine du Sud, la ville développée de l'oasis isolée. Par la carte toujours, qui simplifie en sélectionnant des caractères significatifs, ceux qui marquent le mieux les seuils. Dans le détail très fin, ce peut être la forme des toits et même le procédé de fabrication de la couverture des maisons ; au loin, c'est plus souvent un grand trait, un volume pluviométrique, un relief majeur, un type d'agriculture. Plus l'éloignement et l'exotisme l'emportent dans notre vision du paysage, plus la différence est tranchée, exagérée, jusqu'à nous pousser à oublier que tous les lieux du monde sont d'abord semblables. Rappelle-toi. Je suis ici toujours, même si je suis allé de maison en maison, même si la maison aujourd'hui est la tente du bédouin ou la cabane du pêcheur. Ce n'est qu'après avoir évacué le général, le semblable, l'universel que je peux chercher la différence, la variation qui est aussi bien variation matérielle que variation de sens. La géographie spontanée des habitants est pleine de la seconde ; la géographie raisonnée des savants est pleine de la première. Mais le vrai et le faux ne se décident pas selon cette opposition. D'ailleurs le vrai et le faux ne sont pas la matière de cette recherche, mais le légitime et l'opérationnel, ou l'efficace. Cela ne se détermine qu'en fonction d'un projet. Délimiter un lieu et sertir un paysage, c'est s'y placer comme sujet, ne serait-ce que comme intelligence. Ne crois pas les explorateurs qui ont tellement tendance à insister sur la différence, qu'on les voit en héros. Pourtant, sur terre, on ne circule jamais que chez soi. Mais ce n'est vrai que pour l'individu isolé. En groupe, l'altérité domine et constitue un danger. C'est pourquoi les territoires sont institués et marqués. Cette habitude des sociétés, comme des observateurs, de découper, constitue un héritage très lourd, si lourd que je me demande s'il n'est pas une sorte d'universel géographique.

La question est constante dans la représentation du monde : les continents, les civilisations accordées, les zones, les situations démographiques, tout cela résumé dans des paysages, s'emmêle en un puzzle peu lisible. Alors, ultime opération, l'infinité des lieux est réduite par la métonymie qui transforme en acteur ce qui était d'abord théâtre, qui néglige la nature des règles régissant les régularités et les continuités à travers l'espace terrestre, pour transformer en êtres irréductibles et essentiels ce qui est d'abord de l'expérience accumulée. La réduction idéal-typique a servi d'intermédiaire dans cette opération. Elle a, souvent, rejoint les stéréotypes.

Si le paysage observé est un lieu dans un site, le paysage géographique est l'aire d'extension d'une combinaison relevée comme idéale. Nulle part elle n'existe vraiment dans sa perfection, mais elle sert de référence, jusqu'à ce qu'un nom simple porte à la fois une image et une situation : *Middle West*, par exemple, qui nous suffit, ou *Rift Valley*, etc. Les fusions par superposition peuvent même aller un peu plus loin, lorsque se trouvent définis des paysages culturels combinant des phénomènes de nature et des identités ou au moins des formes de société et d'encadrement, comme disait Pierre Gourou, portant l'activité paysagère à un plus ou moins grand degré d'efficacité [1] : le delta rizicole en a été le modèle. On comprend la relation entre densité de peuplement et paysage ; l'absence des hommes laisse la nature seule, leur présence en nombre y imprime des marques jusqu'à produire des artefacts comme le paysage urbain ou la campagne cultivée.

Ces paysages intellectuellement reconstruits sont traités comme tous les objets géographiques : ils sont délimités. Pourtant jamais, le long d'un itinéraire, un paysage ne s'interrompt comme barré par une frontière. Même le littoral réunit le marin et le continental. En s'éloignant dans l'une ou l'autre direction, la composition varie mais ne vire pas brusquement. La couleur des hommes est, elle aussi, indéfinissable et indélimitable. À Sining, Ella Maillart sent une ambiance d'islam alors qu'à Boukhara, à 4 000 kilomètres de là, les Dounganes avaient un aspect chinois [2]. Quant aux gènes, on n'en

---

1. Pierre Gourou, *Pour une géographie humaine*, Paris, Flammarion, 1973.
2. Ella Maillart, *Oasis interdites*, Paris, Grasset, 1937.

trouve que des arrangements singuliers à partir d'un patrimoine unique. Il faut le durcissement symbolique et l'ancrage pour faire du paysage un emblème, une icône, comme il faut la réduction à la couleur pour croire à l'existence des races. Dans la réalité, les nuances sont infinies et ne se résolvent pas dans des écrins fermés.

L'examen critique de ces représentations qualifiées de paysages géographiques ne poursuit pas le vrai ou le faux mais la finalité. Nous savons que l'utilisation des métonymies fait naître des idées qui peuvent se réaliser. C'est-à-dire que l'invention du monde n'est pas finie et que l'utilisation idéologique de la géographie est constante. Si le paysage est un lieu, le paysage géographique est souvent la base du territoire. Une branche spécifique de la géographie traite ce point de vue : la géopolitique, très liée, voire confondue au départ, avec la géographie culturelle [1].

1. Friedrich Ratzel, *Géographie politique*, 1897, édition française établie par Pierre Rusch et Charles Hussy, Lausanne, Édition Régionale Européenne, 1988.

Chapitre 3

Le territoire

> « Les premiers hommes [...] tremblants sur une terre qui tremblait sous leurs pieds, nus d'esprit et de corps [...] tous également pénétrés du sentiment commun d'une terreur funeste, tous également pressés par la nécessité, n'ont-ils pas très promptement cherché à se prémunir, d'abord pour se défendre par le nombre, ensuite pour s'aider et travailler de concert à se faire un domicile et des armes. »
>
> Buffon, *Époques de la nature* (début de la 7e époque).

En transposant l'expérience animale et en traitant les sociétés à l'état de nature lorsqu'elles entrent en contact les unes avec les autres, le territoire est défini comme une surface strictement appropriée, dont les limites sont marquées, et qu'un étranger ne saurait pénétrer sans être intrus. Plus souvent encore, la forme étatique des territoires a resserré le sens commun autour de l'idée que ce support de la vie des sociétés marquait l'exercice de la fonction politique sous la forme de la souveraineté : à la fois l'identité et la cohésion. Pourtant, le concept de territoire peut prendre d'autres tours et se trouver renforcé, y compris dans son acception stato-nationale, après une observation de ce qui le crée.

Éthologie, état de nature, politique, le territoire comprend aussi une forte marque de pays, la collusion sédentaire du soldat et du paysan contrôlés par un pouvoir souvent urbain. Le territoire, c'est une ville et sa campagne ou une capitale et son pays. Dans la vieille histoire, le danger qui pèse sur le pays, la ville et la campagne, c'est le nomade. La cité se fortifie pour protéger la récolte de toutes espèces de hordes vagabondes, forcément nomades même si elles sont lancées, mercenaires, par la cité ou le royaume voisins ; l'Empire construit aussi des murs pour s'isoler des raids de vrais nomades ou de tribus mal stabilisées et forcément mal civilisées. Pourtant, il me semble avoir mieux saisi ce qu'était le territoire en suivant justement les nomades. Nous verrons plus loin l'utilité d'une telle observation là où elle est encore possible.

À l'intersection de l'espace et de la société, le territoire s'impose enfin comme la forme spécifique de cette rencontre. Le mot est très utilisé en tout cas, parfois dans des sens variés, ou au moins dans une acception tellement floue que la porte peut être laissée ouverte à des débats inutiles qui ne portent jamais sur le fond. Je pars donc de l'hypothèse dominante selon laquelle le territoire est un support d'unité et d'identité, par l'exercice de la fonction politique. Unité et identité me rappellent la seule définition possible du lieu, la définition en compréhension par la propriété de la distance nulle. Le territoire n'est-il pas une forme spatiale de la société qui permet de réduire les distances à l'intérieur et d'établir une distance infinie avec l'extérieur, par-delà la frontière ? L'interrogation peut se simplifier encore dans la formule suivante : le territoire est-il un lieu ?

Unité et solidarité

La question de savoir si le territoire est un lieu peut ressembler à un jeu vain dans la mesure où le territoire est d'abord conçu comme une surface. Personne n'est jamais pris de doute sur la nature universelle de cette nécessité quasi animale. Nous savons pourtant, plus ou moins, que cette figure n'est pas adaptée aux sociétés nomades dont la dimension spatiale est mieux rendue par une combinaison de sites et d'itinéraires. Nous commençons à reconnaître qu'elle ne convient pas, non plus, à certains fonctionnements contemporains dits transnationaux, qu'il s'agisse de mouvements financiers, de circulation d'idées et même d'hommes pas spécialement déracinés. Mais, au-delà de ces constats, la référence à l'exploitation des ressources, la relation établie avec le gestionnaire universellement reconnu des surfaces qu'est l'État, la guerre ou l'aménagement du territoire renvoient sans discussion au territoire-ressource, à la surface exclusive appropriée. Acceptons.

Nous tous, par ailleurs, nommons sans cesse des objets localisés, que la finalité du discours soit explicitement géographique ou non. Il ne semble pas possible de parler du monde et des hommes sans les identifier par des lieux. Alors il va de soi qu'ils existent, tautologie courante en géographie spontanée : nous cherchons à identifier des unités de l'espace terrestre qui sont quelque part (des parts quelconques), le seul fait de les nommer, même provisoirement, leur donnant une première consistance. La localisation, c'est-à-dire l'identification par un nom et par une position croisés, y compris de grandes surfaces, procure la qualité d'unité. C'est vrai du village au continent. Qu'il y ait conflit ou litige sur le nom et sur les limites, sur leur pertinence et leur opérationnalité « sociale », révèle l'insuffisance de l'évidence au moins autant que son abondance tautologique mais n'entame pas le problème de l'unité.

Enfin, lorsque le territoire est conçu comme une surface, il comprend non seulement un lieu (lui-même comme unité) mais des lieux. Simple question d'échelle ou de précision ? Non ! Entre le territoire et ce que nous considérons comme des lieux, il n'y a pas seulement un écart de grandeur. Il existe aussi une différence de nature par la relation qu'entretiennent l'un et les autres. Le territoire est englobant alors que les lieux sont englobés et liés jusqu'à former une unité, c'est-à-dire un lieu de lieux. Le territoire est-il un lieu ? C'est là justement la question.

Si nous acceptons ces idées d'entrée, si le territoire est une somme de lieux, il est possible de le définir en extension. La liste des lieux qui le composent est incontestable et même fondatrice. Comment définir le territoire mauritanien, sur lequel nous reviendrons plus loin ? La réponse est simple. C'est l'ensemble des lieux qui se trouvent en Mauritanie et non au Sénégal, au Mali, en Algérie ou au Maroc. Et voilà pour la tautologie. Des débats sans solution ne sont-ils pas le résultat de ces boucles sans fin ? Lorsque nous nous demandons, par exemple, si la question foncière dans la vallée du fleuve Sénégal est d'abord politique ou technique ou juridique, nous abordons tout simplement le problème de la légitimité d'une gestion des lieux par l'État ; nous nous demandons si les lieux sont constitutifs du territoire « national » par le seul fait d'être présents à l'intérieur des limites externes reconnues par les institutions internationales. Si le politique et ses arbitrages sont bien l'entrée par où il est possible de les gérer, cela signifie qu'est réglée la question de la légitimité de la personne morale et juridique qui arbitre, mais aussi la légitimité de l'unité de surface sur laquelle elle agit. Cela signifie encore qu'une unique définition des lieux est admise. Est-ce déjà réalisé lorsque, dans un espace comme la Mauritanie, se succèdent des utilisations saisonnières différentes, agricoles et pastorales, sur de mêmes sites successivement exploités par des populations dont la fusion nationale n'est pas très sûre. Il faut encore savoir comment s'organisent les solidarités et les allégeances. Une thématique territoriale ne peut occulter de telles questions et se satisfaire de la fiction d'unité et d'égalité juridiques. Qu'il s'agisse d'accès aux ressources, de mobilisation militaire ou de solidarité devant le risque sanitaire ou accidentel, toujours une même question première s'impose : avec qui sommes-nous solidaires ? Le territoire fait-il le lien social ? On voit là comment peuvent déraper les questions migratoires et identitaires et s'orienter un débat du type nationalité ou citoyenneté.

Exclusivité et exhaustivité

En effet, dans la définition du territoire, nous disons encore qu'il y a appropriation par un groupe humain, ledit groupe étant préalablement identifié. Des problèmes considérables s'ouvrent à ce moment, de la définition même des groupes jusqu'au dessin de leurs frontières [1]. Mais lorsque, par un détour idéologique, c'est le territoire qui sert de base à la définition d'une société, nous sommes au-delà de la simple tautologie dénoncée plus haut. Il s'agit d'une opération de justification. Ce territoire, défini comme une surface délimitée et comme une surface appropriée, comprend deux qualités consé-

1. F. Barth, *Ethnic Groups and Boundaries. The Social Organization of Culture Difference* [1969], traduit dans P. Poutignat, J. Streiff-Fenart, *Théories de l'ethnicité*, Paris, PUF, 1995.

quentes : il est exclusif et exhaustif. À l'intérieur se trouve tout ce que désigne le nom ; sa limite est tellement parfaite qu'on ne peut être que dedans ou dehors. Sans pousser trop loin, la formule devient slogan : « Ce territoire pour nous seuls et pour nous tous. » Reste bien sûr à légitimer le « nous », ce qui n'est pas sans élever quelques difficultés dans les colonisations de peuplement, tant en Amérique qu'en Australie ou en Afrique du Sud, du fait de la préexistence de groupes dominés et du fait de l'hétérogénéité d'origine du groupe « dominant ». Exclusivité et exhaustivité sont deux attributs fondamentaux du territoire sur lesquels nous ne réfléchissons pas assez sinon pour en relever les contradictions alors qu'il serait bien intéressant d'en suivre les conséquences dans la fabrication de solidarités nouvelles, différentes des identités ethniques exacerbées.

Revenons alors à la définition en extension : le territoire est un ensemble de lieux. Pouvons-nous définir les lieux par ces mêmes attributs que nous venons d'utiliser pour le territoire ? Je ne crois pas puisque le lieu n'a pas, pour lui-même, de définition en extension. Plus même, un lieu ne peut pas se définir en dehors de l'expérience qui est toujours contingente et circonstanciée. Autrement dit si, par la définition en extension, le territoire peut être délimité *a priori*, sans référence à la réalité, par simple affirmation d'une somme de lieux, ces mêmes lieux sont incertains, parfois éphémères (voir toutes les revendications possibles sur les territoires), et ne prennent pas sens par un contenu refermé sur lui-même. Si lieu est le concept le plus courant et le moins réfléchi de la pensée géographique, nous avons pu l'explorer, territoire est son voisin, auquel nous pouvons appliquer le même examen critique.

Une définition du lieu par l'expérience est contingente. En effet, la limite de l'horizon s'impose comme l'extrémité de l'espace immédiatement accessible. En français, nous utilisons le mot paysage pour identifier à la fois le cadre et le contenu, mais les mots anglais (*landscape*) et allemand (*Landschaft*) sont beaucoup plus expressifs. C'est bien un morceau de terre, un pays qui est là. Enfermé dans une pièce, l'horizon est barré par les murs qui rétrécissent le lieu et lui confèrent, de ce fait, un contenu plus spécialisé. Quelle que soit la dimension, malgré tout, le lieu constitue une unité et c'est là sa propriété. Ainsi, selon le recul pris, sa dimension peut varier considérablement : un État est aussi un lieu, une unité, à l'échelle du monde par son territoire. Le territoire est le lieu du groupe. À la différence du pur lieu, la circonstance qui le crée est arrêtée comme un contrat et c'est là son principe. Si le territoire a une extension, ce n'est pas son caractère premier mais une conséquence de l'étendue du réseau social et politique qui le définit.

Le lieu a comme propriété finale la coprésence. Le territoire, comme lien et médium d'une société, exprime cette coprésence d'une manière originale qui est aussi dérivée du contrat : c'est la solidarité. La proximité créée par l'unité que l'on appelle territoire rend les acteurs sociaux qui s'y déploient solidaires « de fait », par-delà les différences. L'institution d'économies dites nationales (en fait territoriales) a été le moteur de ces solidarités, au moins le temps de la croissance qui s'est réalisée dans des situations souvent protectionnistes [1]. Le territoire a préexisté comme cadre d'organisation, s'imposant progressivement aux sociétés qui s'y moulent et qui s'y règlent. C'est le sens des conflits sociaux nationaux et de l'échec de l'internationalisme prolétarien. Dire que le territoire est un lieu, c'est exprimer une unité

---

1. Paul Alliès, *L'invention du territoire*, Presses universitaires de Grenoble, 1980.

politique dépassant les identités, éviter de se ficher dans la terre comme la tendance s'en est partout et toujours affirmée sous prétexte que dans territoire il y a terre. Dire que le territoire est un lieu, c'est chercher à séparer l'objet géographique et politique d'un *a priori* agraire et militaire de sa définition, c'est fonder son identification sur le lien social qui crée la solidarité consentie et même voulue, le lien politique.

Excursion mauritanienne

Le détour monographique par la Mauritanie permet d'aborder une définition plus universelle du concept de territoire, moins historiquement marquée par la sédentarité et l'État. Ce sera d'une grande utilité pour saisir les positions occupées par les phénomènes dits transnationaux [1].

Le moule rhétorique dans lequel je dois m'installer pour me faire comprendre représente en lui-même le premier élément de démonstration et aussi la preuve que nous ne sommes pas totalement prêts à prendre d'autres postures face au monde : il me faut décrire une situation dans des cadres bien balisés, l'État et ses circonscriptions administratives ou « naturelles », même s'ils ne sont pas d'une grande utilité. Mon problème est pourtant assez simple.

Je suis à Foum Gleita, un barrage considérable retient l'eau du Gorgol et permet l'irrigation d'environ 3 500 hectares. Le lac couvre, quant à lui, 10 000 hectares de *wallo*, les terres qui portaient les cultures et les pâturages de décrue des semi-pasteurs peuls, où les

---

1. Bertrand Badie, Marie-Claude Smouts, *Le retournement du monde*, Presses de Sciences Po, 2e édition, 1995.

nomades maures possédaient des puits, et où les *harratin* (anciens esclaves affranchis des Maures) assuraient l'exploitation diversifiée des ressources par l'élevage permanent des chèvres, la réception des troupeaux des maîtres et une agriculture sommaire. Le lac et les canaux sont pleins mais les champs aménagés en aval du barrage sont vides de tout : pas de semis, pas de plantes en croissance, pas de récolte en cours. Pas de paysans d'ailleurs. Pourtant, à cette époque, décembre, la campagne des cultures irriguées devrait battre son plein. Les quelques agriculteurs présents, battant et vannant une misérable récolte, sont des Peuls, des pasteurs nomades ! Les principaux attributaires des terres irriguées sont absents, ce sont des nomades également, mais Maures, dont les harratin sont en circulation avec les animaux vers les montagnes voisines (Assaba). Quelle rationalité a bien pu pousser les responsables locaux et leurs conseillers techniques à l'installation de cet ouvrage ? C'est simple. Dans un pays qui souffre de la sécheresse, il faut se doter des moyens de maîtriser l'eau pour améliorer les niveaux de production et le bien-être, entamer le développement. Cette réflexion est idiote parce qu'elle est fondée sur la plus mauvaise géographie, celle qui fixe le cadre d'abord, une petite géographie nomenclaturale qui permet d'économiser une réflexion sur la dimension spatiale d'une société, sa « vraie » géographie, un « vrai » problème.

Je m'en vais donc fixer ce cadre qui, croit-on, permettra de comprendre la situation par un savoir vulgarisé, partagé par les décideurs politiques et les techniciens de l'aménagement et du développement, qui ont tous de la géographie la croûte que leur en ont laissée quelques années passées sur les bancs des écoles de tous niveaux.

La Mauritanie est un État d'Afrique de l'Ouest, à la

fois saharien et atlantique, la dernière conquête de la colonisation française dans la région. Son territoire est immense – un peu plus de 1 million de kilomètres carrés – et vide – un peu moins de 2 millions d'habitants. La population est surtout concentrée au sud du pays, dans la vallée du fleuve Sénégal qui fait la frontière, et de plus en plus dans les villes (20 % en 1977, 54 % en 1995). Le pays des nomades maures est un pays de paysans « noirs » et de citadins « blancs ». Nouakchott, la ville capitale apparue en 1957 (fort colonial depuis 1903), regroupe près de 60 % des citadins du pays et environ 30 % de la population totale. Cette mutation territoriale, que l'on observe par l'urbanisation, cache une transformation radicale de l'exploitation du territoire et même des milieux ; il est convenu de l'appeler sédentarisation. Cela s'observe depuis la décennie soixante-dix, période de grande sécheresse tout au long du Sahel, le rivage méridional du Sahara.

Le rétrécissement de la base des ressources, déjà faiblement étendue, s'est accompagné, dans ce pays, d'une concurrence exacerbée entre les groupes sociaux qui sont définis comme des groupes ethniques, bien que le cadre de la solidarité entre les individus soit plutôt la tribu ou le clan. Mais la mobilisation ethnique est politiquement plus payante.

La géographie se dessine simplement. Les huit dixièmes nord du pays sont sahariens et parcourus par ce qui reste de grands nomades maures, dont les fameux Rgeibat, présents aussi dans le Sahara occidental, au cœur de la lutte contre le Maroc. Les massifs montagneux abritent des vallées d'oasis qui sont les nœuds de la circulation des tribus et les lieux de regroupement, vers août-septembre, pour la récolte des dattes. Dans le Sahara également, un chapelet de vieilles villes historiques rappelle l'importance des échanges transsahariens avant la colonisation et le détournement méridional des flux. Au sud du pays, deux axes alignent le peuplement. C'est d'abord le fleuve Sénégal, avec sa vallée occupée par des paysanneries noires, Toucouleur (des Peuls sédentaires en quelque sorte) et Soninké (connus aussi sous le nom de Sarakollé). C'est le grand bassin de l'émigration, y compris internationale. L'autre axe est beaucoup plus récent puisqu'il date de l'achèvement de la route nationale (décennie soixante-dix), qui court d'ouest en est du pays, de Nouakchott à Nema.

Dans ce cadre général, la population se distribue en noyaux isolés les uns des autres, tout comme l'exploitation du territoire est inégale et strictement localisée. Même à l'échelle régionale, ce phénomène est décelable, la grande mobilité de la population assurant les liens qui ne sont pas établis, du fait de la discontinuité spatiale. La croissance démographique, la sédentarisation au Sud, la pression sur les villes créent des conflits que la relative démocratisation de la vie politique a en partie réglés, au prix d'une montée du localisme (et du tribalisme) qui donne à la modernisation en cours un tour assez singulier. L'État est surtout un instrument de contrôle. Les populations s'y retrouvent peu, même celles qui appartiennent au groupe dominant, sinon à travers des jeux patrimoniaux et un partage d'influence qui renvoient aux structures profondes de la société et concernent pour le moment l'affectation des terres (le passage biaisé à la propriété privée) et la distribution des prébendes (comme les salaires des fonctionnaires). Un jeu de cartes illustre la situation (figures 10 et 11).

Voilà une notice d'évaluation prête à la polycopie, qui pourra aussi bien servir aux agences internationales d'aide au développement, aux ONG, aux hommes politiques locaux, aux manuels d'enseignement. Pourtant, ce discours, parfaitement reçu partout, est en grande partie

Figure 10. *Le territoire de la Mauritanie*

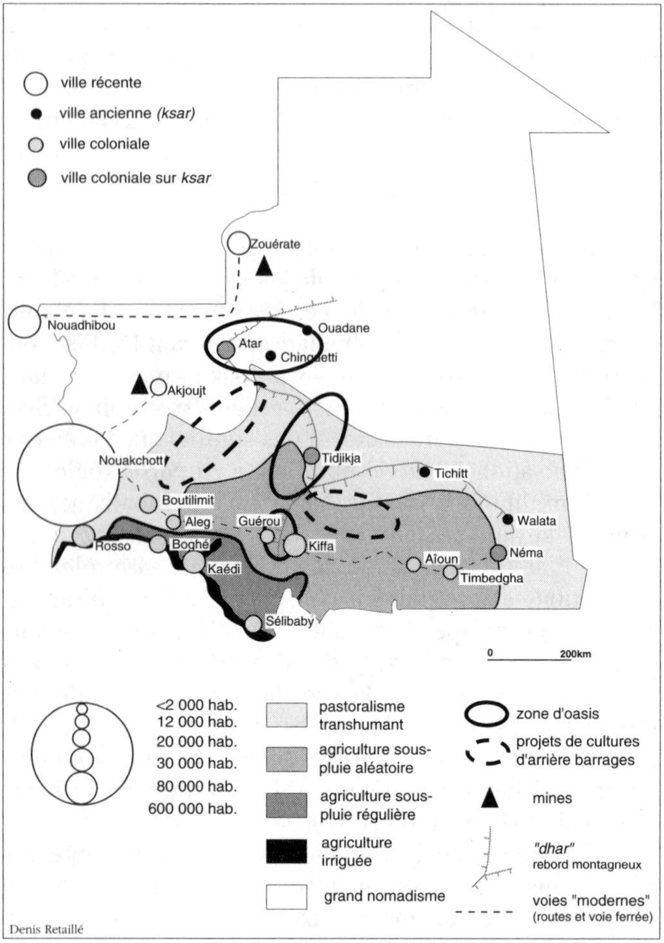

erroné. Non que les faits rapportés soient inexacts ou manipulés. Mais les concepts qui servent à les établir ne sont pas parfaitement adaptés à la situation. Alors, tous les discours qui se fondent sur ce constat général ne sont que du vent. Ils finissent tout de même par élever de véritables tempêtes sociales et politiques qui se sont traduites par une épuration ethnique et l'état de guerre avec les voisins maliens et surtout sénégalais, en 1990.

Les territoires des Mauritaniens

La description géographique benoîte n'est jamais innocente et l'apparente rationalité par le bel ordonnancement de mon tableau est en vérité très orientée. Je voudrais le montrer maintenant et l'on comprendra comment fonctionnent tous les tableaux géographiques qui sont proposés ici ou là comme des restitutions incontestables et comment il est nécessaire de vérifier l'actualité conceptuelle avant de s'inquiéter de la dernière information ou du chiffre qui fait foi pour éviter de pratiquer cette « petite géographie spontanée des savants [1] ».

Je suis donc à Foum Gleita et je m'étonne. Mais où sont-ils donc ? J'entends bien quelques ricanements et réflexions. Bah ! Les paresseux. On leur construit un barrage pour irriguer et cultiver en sécurité et ils fichent le camp aux trousses de leurs animaux transhumants. Toutes les précautions ont-elles été prises dans l'identification du lieu ? Ce n'aurait été possible qu'à la condition de s'interroger sur ce qui fait le lieu, ici, et qui n'est assurément pas l'étranglement de la vallée ni la possibilité géologique et technique d'élever un barrage. Ce qui fait lieu, ici, c'est la rencontre des Maures et des

1. Louis Althusser, *Philosophie et philosophie spontanée des savants* [1967], Paris, Maspero, 1974.

Peuls, des maîtres et des esclaves au sein de la société maure elle-même, des « saints », les Shorfa, entre les Blancs et les Noirs. Ce n'aurait été possible qu'à la condition de penser la relation entre un lieu et le territoire englobant. Encore faut-il savoir ce qu'est un territoire ici ! Je ne peux pas me contenter de l'évidence simpliste du territoire de l'État, parce que la société en est vraiment trop éloignée.

À Foum Gleita, comme dans tous les sites aménagés d'arrière-barrages, et même dans les casiers rizicoles de la vallée du fleuve Sénégal (trois types techniques très différents d'agriculture irriguée), les aménagements sont venus fixer des topographies qui avaient la souplesse et l'adaptation comme principe. Avec les saisons et selon la qualité de l'hivernage (pluviométrie et pluviosité), la fréquentation des sites variait en durée et en « qualité », des groupes différents se succédant selon les exigences des animaux élevés, la part de l'agriculture dans les activités et la relation hiérarchique à l'intérieur et à l'extérieur de ce que l'on appelle maintenant l'ethnie. Lorsqu'une complémentarité temporelle donne au même site des qualités variées (succession de plusieurs types d'utilisation au cours d'une année) et lie des sites différents dans une unité de circulation, le territoire ne peut être perçu comme une surface comprise à l'intérieur d'une enveloppe et dont les ressources seraient la propriété du groupe fixé. Les principes de la sédentarité paysanne garantie par le soldat sont bien sûr absents. Nous pouvons même nous demander s'il y a encore territoire. Le site qui peut accueillir des populations diverses selon les saisons constitue-t-il un seul ou plusieurs lieux ? N'existe-t-il pas, dans une même surface, plusieurs territoires (ensembles de lieux) ? Ce qui entame la propriété d'exclusivité. Dans cette hypothèse, il faut alors en transformer la définition, ou envisager autrement l'action d'aménagement et d'intervention de l'État. Puisque sur une même surface il n'y aurait pas un mais des territoires, la définition de la vocation des sites n'est plus concevable, selon des qualités fixées par la nature ou la technostructure avec ici de l'agriculture, là de l'élevage ; la notion de vocation serait même la moins appropriée pour cerner les possibles et guider les arbitrages. Je m'appuie sur l'exemple mauritanien mais je ne pense qu'aux problèmes israélo-palestinien, bosniaque, rwandais, amazonien...

En dressant les cartes de l'atlas de Mauritanie et en traitant l'exhaustivité des établissements humains par points, puis en les agrégeant dans une représentation en isolignes de densité et d'évolution, il est apparu une disposition bien connue de tout géographe sahélo-saharien : le peuplement nucléaire presque insulaire. Il n'y a pas de continuité spatiale entre les cellules « régionales » dont on peut dire qu'elles sont discontiguës, les établissements humains étant à distance les uns des autres et agglomérés en petits paquets. La manière dont les lieux sont ensemble, malgré cette disposition d'éloignement, est à l'origine d'une autre définition du territoire. C'est là que la dimension du temps doit intervenir.

La succession des groupes humains dans de mêmes sites, la dispersion ou la concentration saisonnières, la transformation des géométries socio-spatiales, avec tantôt la rencontre des pasteurs et des paysans, tantôt leur séparation, etc., créent une discontinuité temporelle. Dans la mesure où la gestion de l'espace ne se réalise que par la gestion du temps, c'est la succession des sites dans un cycle qui constitue l'unité (la rotation pastorale, par exemple). Les niches écologiques exploitées ou visitées sont différentes par le moment et ne forment pas un seul lieu ; ensemble, elles ne constituent qu'un territoire en extension (la somme des niches écologiques reliées par le temps). Il manque aux groupes divers la coexistence poussée jusqu'à la coprésence : le fait d'être ensemble à la même place au même moment. Il me semble que les conceptions ethniques du territoire, incapables du dépassement dans des unités de solidarité « territoriale », en sont restées à ce stade inachevé où le conflit ne peut se régler que par l'extermination du voisin indésirable parce que décalé dans un autre temps. En fait, il manque encore à ce territoire défini en extension et à la société qui s'y identifie une abstraction porteuse de projet, de futur, de modernité. Au contraire, la tentative de naturalisation de la société par une histoire attachée à la terre, et qui en prend les qualités supposées, réactualise sans cesse le passé et ses impasses.

Tout cela s'enregistre aisément en restant assez longtemps planté au même endroit et se simplifie dans le modèle suivant, à la fois central et méridional (figure 11).

Entre Magta Lajar et Sélibaby, un alignement d'assez fortes densités souligne un axe majeur d'organisation de l'espace qui est une route de transhumance jalonnée par des puits et maintenant des forages. Dans les creux, sont installés des établissements sédentaires qui ne sont pas forcément peuplés toute l'année mais, de plus en plus, dédoublés ou triplés en quartiers maure, peul, soninké, distants de quelques centaines de mètres à quelques kilomètres et qui portent tous le même nom suivi du qualificatif d'affectation. Pendant la saison des pluies, juillet-août, les animaux sont dispersés sur les plateaux voisins et ceux des Maures remontés très loin au nord. Les agriculteurs Peuls et Soninké, s'il y en a, pratiquent un semis et une récolte de mil (70 à 80 jours sont nécessaires, il ne faut pas que les animaux reviennent trop vite). Les grains rentrés, les chaumes restent sur le terrain et de véritables pâturages sont disponibles sur les surfaces n'ayant pas été cultivées (dunes proches). Lorsque

Figure 11. *Le territoire des Mauritaniens*

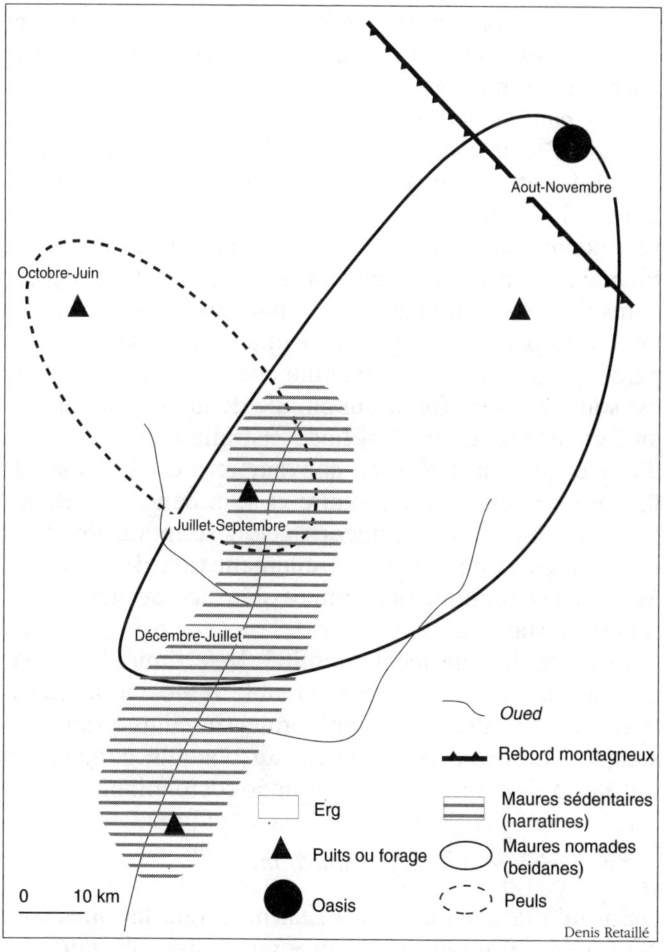

reviennent les troupeaux des Maures, ils ont la priorité et les animaux des Peuls doivent se contenter des restes en opérant un retour plus tardif, après que les nomades maures ou au moins leurs animaux auront repris leur circulation vers d'autres sites qui étaient restés en défens et surveillés dans un creux non cultivé, au nord de la zone des cultures annuelles probables mais au sud des grands pâturages d'hivernage.

Il ne s'agit là que des circulations techniques liées à la culture et à l'élevage. Il faut encore ajouter la circulation des hommes, qui est beaucoup plus souvent dépendante du commerce ou de la reproduction sociale. Finalement, ceux qui bougent le moins sont les dépendants des grands nomades. Petit paradoxe des apparences pour tromper le monde ; celui qui vit attaché à un site parce que son maître le lui commande est pauvre, la tente est son seul bien. Celui qui circule de la ville au champ, au forage, gouverne, s'est fait construire une maison (on dit une chambre) le plus souvent fermée. Le nomade dispose de l'habitat sédentaire et le sédentaire vit sous la tente nomade. Nos catégories de description sont bien trompeuses et ne rendent absolument rien de la réalité. Mais il est pratiquement impossible de revenir sur les images installées.

Dans ce modèle local simplifié, le territoire n'est pas une surface et il n'est pas possible d'ajouter les territoires des groupes pour en former un plus grand qui serait le territoire mauritanien, au bout du compte, du fait de la discontinuité des groupes socio-ethniques.

Le territoire de l'État mauritanien

Jusqu'à la naissance de l'État moderne, les sites sont gérés dans la succession, groupe par groupe. L'unité spatiale, c'est la fraction de tribu et son territoire est la somme, par le temps, des sites séparés par l'espace : la saisonnalité fait le lien. Avec l'État, abstraction qui envisage le « territoire » d'un seul coup d'œil, regard synchronique sur tous les sites, l'unité de circonstance est réalisée dans sa plénitude. C'est par ce trait que se produit un bouleversement dans la conception du territoire, horizon de l'autorité. Voilà que ce territoire « nouveau » devient un lieu. Ainsi s'installe l'écart qui sépare la conception de l'État de celle des sociétés auxquelles il s'adresse et qui peuvent en rester à des formes prémodernes de territorialisation. Pour le premier, dans le territoire devenu lieu, les complémentarités sont observées en un temps arrêté et dans l'idéalité. C'est pourquoi on y parle de vocation et que les considérations techniques l'emportent sur les considérations sociales locales ; pour les secondes, les territoires sont surtout du temps. Les mesures en sont totalement différentes, bien qu'elles portent sur un seul objet apparent. C'est la coprésence contre la succession ; c'est la rencontre d'une définition en compréhension de l'englobant (l'État) et d'une définition en extension de ses composants (les territoires des groupes nomades, dans l'exemple mauritanien) qui est responsable du porte-à-faux. L'État, ses représentants, ses rouages sont-ils alors suffisamment en prise avec la société pour légitimer la nouvelle conception de l'espace dit national, pour faire de la Mauritanie une nouvelle unité par la coprésence et dans le dépassement des identités ethniques ? Rien n'est moins sûr.

Au plus général, la légitimité de l'État est en cause, c'est une manière habituelle de prendre le problème. Géographiquement, l'analyse semble devoir porter sur le bon tracé des limites et des identités. C'est l'objet de la géopolitique. La vue est un peu courte, cependant. Elle ne repère pas la variété de niveau du concept et prend pour équivalents le territoire politique et le territoire ethnique ; elle ramène à la surface des formes géographiques qui n'ont rien à voir, les réseaux sociaux en particulier. Cette opération est souvent initiée par les ethnarques et prophètes de tous poils ; il est assez dramatique de voir les institutions politiques internationales suivre sur ce terrain miné. En fait, le territoire est objet d'enjeu parce qu'il est un extraordinaire moyen de mobilisation, simple par la matérialité de ses symboles.

Sans s'engager dans l'examen approfondi des contradictions internes qui affaiblissent les décisions « techniques » et le jeu politique, on peut se demander si l'État, par le territoire, est le déclencheur d'un système spatial, intégrant la diversité des lieux dans un seul ensemble d'interactions. Cela a bien à voir avec la légitimité : il n'existe de territoire, comme lieu, qu'à la condition qu'existe aussi une société. L'inversion des termes est même envisageable pour l'action, le problème étant alors de savoir si le territoire unifié comme un lieu peut produire de la société ou au contraire augmenter les distances entre les communautés. Il devient nécessaire, à ce moment, de se tourner vers une des caractéristiques dominant l'évolution de l'espace mauritanien, pour suivre toujours le même exemple : l'urbanisation. Pour élargir à des exemples plus divers, nous pourrons observer les conséquences des grandes mutations géographiques mondiales qui transforment le rapport à la terre, que ce soit l'augmentation de la mobilité générale ou le passage à la communication (Variation 5, *infra*).

La ville et le territoire

Je crois qu'il ne faut pas se laisser aller aux constats trop simples, trop évidents, directement liés à la fabrication même des catégories de l'observation. Ni la sédentarisation, ni l'urbanisation ne sont aussi totales qu'on veut bien le dire en Mauritanie. La statistique classe de plus en plus comme sédentaires et comme citadins des individus et des familles qui sont toujours très mobiles au long d'une année mais qui disposent d'habitats en dur et ne suivent plus les animaux, confiés aux bergers. Quelle que soit, au fond, la nature des processus, il est indéniable qu'une mutation s'opère et qu'une nouvelle forme de relation à l'espace s'installe dans les sociétés, par le recours désormais systématique à la ville, qui est devenue le pivot des circulations nomades. Il faudrait préciser : par le recours à la ville comme forme. L'enjeu est là tout entier. La ville en très forte croissance est-elle urbaine au sens plein du terme ? Joue-t-elle son rôle ? Est-elle ce creuset des identités dans lesquelles s'estomperaient les frontières entre les groupes ethniques ? Par le territoire-lieu, urbanisé, les questions gagnent en précision et ouvrent des perspectives de mesure ou de vérification. Dans l'atlas d'aide à la décision, une carte, fondamentale bien qu'anodine, pourrait passer inaperçue : il s'agit de la représentation de l'origine régionale des immigrants de Nouakchott, la ville capitale, entre 1977 et 1988 [1] (figure 12). Un calcul simple, éliminant les biais de la masse démographique des régions et du niveau migratoire des différentes populations, montre par un coefficient de préférence égal sur tout le territoire que l'émigration régionale vers Nouakchott attire la population « intérieure » de manière indifférenciée. En d'autres termes, les régions mauritaniennes sont à égale distance migratoire de Nouakchott, ce qui n'est pas le cas des autres centres d'attraction.

Or, des identités « ethniques » parfois très tendues

---

1. LEDRA Rouen, LERG Nouakchott, *Atlas de Mauritanie*, ministère français de la Coopération, en cours.

Figure 12. *Les mouvements migratoires en Mauritanie*

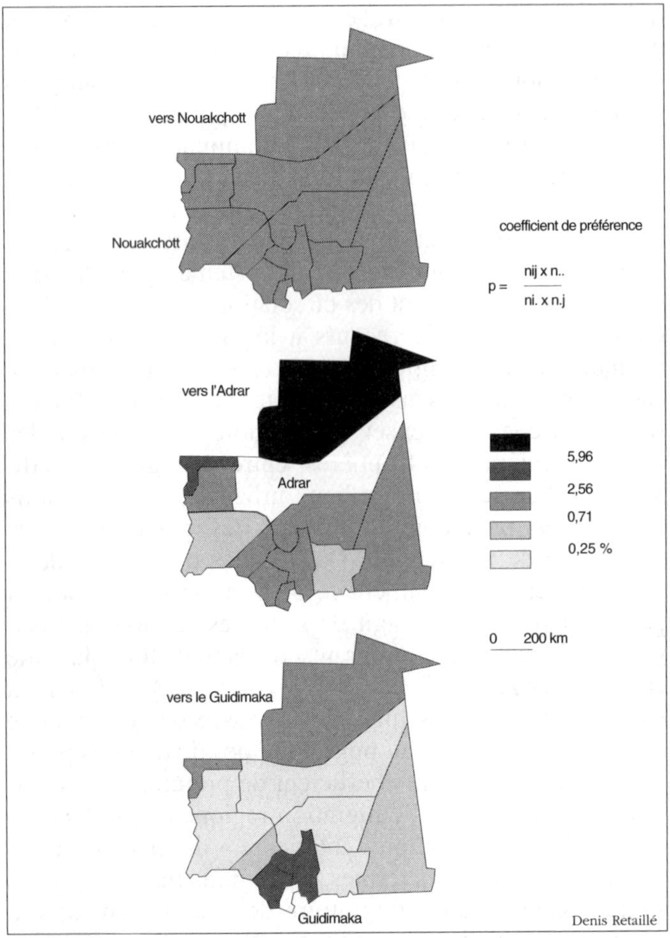

Le coefficient de préférence élimine les effets de taille et ramène le nombre des migrants de chaque région à sa participation aux mouvements migratoires interrégionaux. Il indique ainsi vers quelles régions se dirigent préférentiellement les migrants selon les régions de départ et vers chacune des destinations sélectionnées.

sont entretenues en Mauritanie. C'est même l'héritage empoisonné. S'observe-t-il aujourd'hui, par l'urbanisation, une unification du temps et de l'espace par le rythme urbain et le territoire de l'État, qui mène à la coprésence et aide à l'apparition d'une dimension abstraite de l'identité, celle d'une nation ? La ville diminue-t-elle les distances ? Elle est généralement, dans le monde, un « hyper-lieu » qui rend maximale cette propriété de la coprésence. Cela se vérifie-t-il en Mauritanie ? La ville, puisqu'elle n'est plus précisément attachée à une base écologique stricte mais ouverte à l'échange de produits provenant d'une surface presque indifférenciée qui est celle du marché, peut-elle fondre des identités primitivement attachées à la terre ? Plusieurs conceptions du territoire sont confrontées.

Le territoire peut être le support écologique de la ville, son terroir-ressource, base de production. C'est une orientation d'essence très « sédentaire » : le paysan et le soldat sont les deux acteurs dominants de ce type d'identité géographique. Ainsi se sont établis les États-nations les plus précoces où la ville n'est que le siège du pouvoir. Cela n'a rien à voir avec la cité des marchands, où le monde se rencontre et où se retrouve aussi le nomade : une société qui s'organise dans l'espace de circulation [1] est moins attentive à l'accaparement de la terre mais très sensible à l'ouverture. Cette tension entre les conceptions du territoire se reporte intégralement sur la ville.

Comment pense-t-on l'organisation de l'espace depuis la ville ? Espace de production ou espace de circulation ? Il me semble que, dans le cadre de l'État, la tendance est à promouvoir le territoire de production pour des raisons « techniques » de politique instrumentale. Cela

1. Denis Retaillé, « Le nomade, l'oasis et la ville », *URBAMA*, 20, 1989.

crée, en ville, où se répètent les identités héritées des campagnes en mutation, et peut-être même au sein des instances de décision, un malaise, voire un conflit portant sur les lieux : la rationalité technique ne peut effacer entièrement les contenus sociaux. La conséquence dans l'intérieur, comme on dit en Mauritanie, c'est un conflit territorial global où l'on voit les groupes se disputer les ressources localisées dans un espace de production, là où, avant cette mutation par l'État, il n'y avait qu'un espace de circulation. La ville rend-elle plus légitime le territoire d'État ? Dans ce cas non. Pis encore, les conflits ruraux locaux peuvent facilement muer en conflits urbains généralisés. Mais il s'observe aussi, dans les villes nomades, une véritable stratégie de reconstitution des liens par des fractionnements et des alliances inédites capables de rétablir des espaces souples là où l'État a échoué dans une territorialisation en complète contradiction avec la société. Il faut dire aussi que la territorialisation nouvelle imposée dans le cadre de l'État était en totale contradiction avec le fonctionnement même de l'État qui est resté tribal et ne crée pas cette unité de lieu.

La ville, lorsqu'elle est inscrite dans l'espace de circulation couvrant des territoires imbriqués et même successifs dans le temps des saisons, vers laquelle convergent tous les itinéraires jusqu'à ceux des familles, cette ville-là assure la rencontre, crée de la société sans s'attaquer de front aux identités ancrées dans les territoires. Mais puisque les lieux qui les constituent ne sont que des circonstances, la souplesse est possible et toutes les formes d'adaptation concevables. Je pense même qu'au-delà de l'utopie cette souplesse des lieux et des identités, qu'on ne fige pas dans des vocations définitives, est bien nécessaire à la survie de sociétés dont le support physique n'apporte que des ressources incertaines d'une année à l'autre. Ce territoire unifié par la ville, non pas sur la base de l'appropriation mais sur celle de l'échange et de la rencontre, est beaucoup plus abstrait, tout comme le territoire de l'État qui est une fiction juridique. C'est pourtant la condition de la légitimité, donc de la participation de toutes les populations et de tous les lieux au processus de développement [1]. La ville, la vraie, est une alternative au territoire abstrait de l'État dans la fabrication d'une société. Nous retrouverons cela en Europe et partout dans le monde.

Les contradictions territoriales qui agitent un État dont le pouvoir est d'origine nomade rapportent assez bien les questions du problème. Ou bien le territoire est un ensemble de lieux, une somme, et cela signifie qu'il existe un ciment de l'unité ailleurs que dans la dimension spatiale, une identité qui fixe *a priori* ce qui sera sa tombée géographique. Évidemment, toutes les mauvaises rencontres sont possibles dans cette attitude : c'est vrai du Kossovo à la Palestine, South Central ou Harlem. Ou bien le territoire est un lieu, c'est-à-dire qu'il est le ferment de l'unité par-delà la diversité ethnique, religieuse ou autre des habitants ; alors, il est la base des fonctions d'arbitrage et ne peut subsister que par une relative équité évitant explosion, séparatisme, irrédentisme et autres avatars. Avec l'État, le territoire a incontestablement pris une nouvelle dimension qu'il faut préciser, tant l'habitude est prise de traiter cela par l'évidence.

---

1. Denis Retaillé, « L'impératif territorial », *Cultures et conflits*, mars 1996, et *infra*, chap. 6.

L'État, un problème

Je crois qu'à ce stade de notre réflexion, le retour vers une situation d'invention mettant en scène la rencontre des lieux mobiles et des lieux arrêtés est fort instructif. C'est par cette rencontre au Niger et en Mauritanie, en tout cas, que m'est apparu le besoin d'une autre formulation des problèmes mondiaux qui ne suivaient que de loin les effets de mode attachés au « nouveau nomadisme », mais s'approchaient assez de quelques questions sensibles comme la déterritorialisation, la transnationalisation, la mondialisation même, etc. Plus fondamentalement, c'est la question du découpage et de sa légitimité, aussi bien dans les faits que dans la connaissance, qui s'est trouvée placée au-devant. L'État est au cœur de cette nouvelle interrogation. Elle est pertinente là où la fiction de la souveraineté totale est mise à mal et où la société doit se doter de nouveaux régulateurs pour un minimum de cohésion, voire de solidarité ; la cohérence technique du marché, ne fabriquant pas de lien social, est toujours une mauvaise raison politique. Elle est pertinente là où l'État moderne n'est pas encore passé et où la solidarité est entièrement arrêtée à la généalogie dont la portée régulatrice est faiblement étendue et en grand écart avec le fonctionnement englobant du monde. Mais, sur le modèle de la diaspora, quelques dispersions mondiales de lignées à caractère généalogique montre que cette contradiction se dépasse à la condition que subsiste au moins un « territoire » symbolique [1].

Par l'État et son territoire, nous retrouvons un organe très efficace de l'accès à la conscience du monde. Il peut

---

1. Michel Bruneau (dir.), *L'Espace géographique*, 1, 2, 3, 1994.

être polarisant comme un filtre et organisateur, cela fut vrai historiquement, mais il peut être aussi déformant et producteur de désordre lorsqu'il est instrumentalisé au service des objectifs les plus contradictoires de l'identité et de la puissance, en déviation de flux ou de mouvements d'ampleur planétaire. Enfin, si le lieu et le territoire relèvent de la géographie spontanée et prennent leur sens comme expression d'un contrat immédiat (le lieu-circonstance) ou différé et mémorisé (le territoire-lieu), l'institutionnalisation amène la conscience géographique à un niveau d'abstraction qui rend nécessaire une forme nouvelle d'apprentissage de la terre et des hommes. L'affirmation théorique du monde précède à nouveau la vérification pratique. Ici, le piège dans lequel il est fréquent de tomber, dans une matière politique, s'est rouvert : la confusion de la théorie et de l'idéologie. Nous devons nous doter des outils théoriques nécessaires à la conscience du monde sans pour autant dessiner les contours de la fin du monde.

Variation 3

L'État et ses implications géographiques *

> « Un État ne meurt pas, ce n'est qu'une forme qui se défait, un faisceau qui se dénoue.
>
> Et il vient un moment où ce qui a été lié aspire à se délier, et la forme trop précise à entrer dans l'indécision. »
>
> Julien Gracq, *Le rivage des Syrthes.*

L'État est le module de base par lequel le monde est saisi. On ne revient pas là-dessus. Même lorsqu'il n'est pas explicitement en cause, lorsqu'il n'est pas acteur, il est présent partout, comme repère de localisation au moins, et il est alors l'individu-lieu, objet subreptice parfois. Plus grave, personne ne s'attarde sur sa signification géographique, pas plus que personne ne s'attarde sur la signification géographique de quoi que ce soit, croyant au miracle de la localisation. Ainsi le module portant le nom d'un État est-il réceptacle d'informations, contenant qui, une fois rempli, sera comparé, classé. En fait, l'uti-

* Ce chapitre est adapté d'un texte paru dans les actes de l'Université d'été de l'AFDG, numéro spécial de *Géographes Associés*, 1996.

lisation d'un module constant permet de dire : « Là il y a », sans s'interroger sur la légitimité du « là ». Ne faudrait-il pas d'abord cerner la nature de l'État, et plus spécifiquement son rôle géographique ? Est-il un objet spatial, un facteur d'organisation ou un acteur ? Le territoire, auquel il est immanquablement rapporté, ne suffit pas pour justifier sa naturalisation. Il faut encore passer par la frontière et son degré, évaluer l'unité en montrant que les forces de cohésion sont supérieures aux forces de dispersion (la condition d'un système spatial), identifier les pouvoirs et les relations qu'ils établissent. Puis, pour passer au monde, selon l'objectif final de cette géographie, il faut poser l'État comme un niveau d'analyse dont la pertinence serait universelle, et se référer clairement au politique : le tableau du monde sera géopolitique à la base ; c'est le corollaire de cette entrée.

Le tableau du monde

Héritage renforcé par l'institution de la géographie scolaire, le tableau du monde est fondé sur le découpage. La puissance est au centre de l'investigation, du décompte des surfaces, des ressources localisées et des hommes. Dans un contexte très déterministe, l'opération revient à une justification des empires naguère, des inégalités aujourd'hui (glissement de la puissance à la richesse). Les atouts et les contraintes sont l'apport principal du savoir géographique, en fait la méthode de la correspondance. Mauvaise habitude.

Après qu'ont été observées les grandes articulations de la terre en océans et continents, en zones ou milieux, les lignes de clivage du monde s'appuient sur des frontières d'États, rassemblés en types ou en régions par la double opération de l'inclusion et de l'exclusion. Les appartenances géopolitiques, les niveaux économiques, les cultures sont ramenés à cette unique mesure, très topographique, des ensembles spatiaux, dont la continuité territoriale est garante d'unité. C'est une manière de retrouver les continents et la naturalité dont l'enseignement géographique ne sait pas se défaire, d'autant que l'utilisation extérieure de la géographie ne veut surtout rien lui demander d'autre que ces certitudes. Les anomalies comme le Japon en « Occident » ou les prolongements de l'Europe dans le Pacifique ne seront comprises que par l'histoire, comme héritages d'événements plus ou moins anciens mais rarement examinés dans la synchronie spatiale du temps mondial [1].

Aussi critiquable que soit cette base géopolitique d'un tableau négligeant les réseaux économiques et culturels, l'entrée dans le monde par l'État permet néanmoins un rappel fondateur de la géographie. À l'échelle globale, l'État est l'unité, il est un lieu par le territoire, concept à développer autrement que par la référence à la dimension. Un parallèle s'établit, à l'occasion, avec un dogme du droit international et de la science politique : l'État est un « individu ». La fiction juridique de la souveraineté totale, qui est la condition d'un ordre international, est aussi au centre de la signification géographique de l'État. Tous les phénomènes lui sont rapportés, ils en prennent la forme, qu'il s'agisse de l'économie ou de la culture nationales. Voilà le tour de passe-passe : l'État est incontestable parce que la nation l'est, et la nation est le noyau dur de l'identité d'une société. Les formes spatiales émergentes de l'activité sociale à la surface de la terre (ce que nous appelons l'espace géographique) ne sauraient alors prendre d'autres contours que le territoire

1. Zaki Laïdi, « Le temps mondial », *Cahiers du CERI*, 14, 1996.

de souveraineté. Une nouvelle fois, les anomalies sont renvoyées à l'examen de leurs conditions historiques (toutes les subversions de l'ordre étatique et interétatique). Pourtant, le tableau du monde gagnerait à prendre l'État comme un problème géographique et non comme une donnée, à traiter de la plus ou moins grande capacité de cette institution à organiser l'espace des sociétés.

Les implications géographiques de l'État

L'État existe bien cependant, on ne saurait le nier, même s'il n'est pas le seul acteur du monde ; le territoire est son support terrestre en même temps que sa marque. Mais n'est-ce que cela ? L'usage fréquent du mot, dans une relation souvent floue avec le concept d'espace, ne libère pas d'un examen approfondi. Qu'est-ce qu'un territoire et qu'est-ce que le territoire de l'État ? Je n'imagine pas que l'on puisse réfléchir à un monde d'États sans construire parallèlement la notion opératoire qui permet seule de donner du sens aux informations délivrées.

L'habitude pousse à l'approche du territoire par la frontière, la dimension, la forme et la position (le voisinage). De plus, depuis Ratzel, l'inscription dans le sol permet d'écarter la relation « organique » qui lie un « peuple » à une portion de l'espace terrestre [1] ; le fondateur de la géographie politique prenait pourtant la question à bras-le-corps. Il n'en reste plus que la réalisation d'un destin historique qui se réduit, pour nous, à une histoire de la constitution du territoire, oublieuse de ce que la frontière a changé de sens au cours du temps.

1. Friedrich Ratzel, *Géographie politique*, trad. Pierre Rusch, Lausanne, Éditions régionales européennes, 1988.

Il n'y a rien de commun entre la conception des marches médiévales et la ligne tracée par les traités postwestphaliens. En outre, il a fallu du temps et des mutations sociopolitiques pour que les impératifs de la continuité topographique et de l'identité s'imposent. C'est au XIXe siècle seulement qu'ils sont définitivement reconnus en Europe, avec les guerres que l'on sait comme fin ; c'est au milieu du XXe siècle, avec la décolonisation, que l'idée a débordé sur le monde. Mais la superposition de l'identité et du territoire n'est qu'une vision simple. Le contenu défini par la limite n'est pas automatiquement accordé à la forme, ce qui est encore vrai aujourd'hui et retire de l'efficacité aux comparaisons internes des surfaces, des populations, des ressources, au classement des États par la « puissance ». Quelles sont donc les implications géographiques de l'État, même s'il n'est que fiction, dont la mesure serait possible pour une évaluation du modèle et de l'écart au modèle (il s'agit alors d'une comparaison externe).

Deux propriétés sont au centre de cet examen : exclusivité et exhaustivité. L'exclusivité est la conséquence de la souveraineté totale. Elle signifie que l'État est le seul arbitre sur son territoire en même temps que le territoire est attributeur de souveraineté. Les spécialistes estiment même qu'un droit international ne peut exister sans ce fondement [1]. Tous les secteurs de l'activité sociale sont concernés lorsque, selon la doctrine juridique, les normes externes l'emportent sur le droit interne car, si traités il y a, c'est l'État qui les a passés au nom de tous les « domiciliés ». Dans ce cadre, le droit personnel n'est pas envisageable et l'exhaustivité est le

---

1. Maurice Flory, *L'État souverain à l'aube du XXIe siècle*, introduction au colloque de Nancy, Société française pour le droit international/Pédone, 1994.

corollaire de l'exclusivité. Elle signifie que tout ce qui relève de l'autorité de l'État, tout ce qui est organisé selon sa loi, se trouve à l'intérieur de ses limites. En fait, le territoire comme base d'identification est cet artifice qui permet de dépasser les identités individualisantes en confondant solidarité et allégeance prioritaire. C'est aussi la victoire du politique, l'équilibre des droits et des devoirs [1]. L'État est le médium de la société, liant tous les individus par un cadre unifié de gestion des ressources et des hommes, livrant à chacun une identité par la citoyenneté. Cette propriété d'unité par le territoire fait de l'État un lieu dont la définition spatiale double la caractéristique topographique d'une fonction topologique : dedans/dehors.

Ce modèle est-il bien réalisé partout ? Évidemment non ! Même lorsque l'État dispose de la violence légitime, les solidarités peuvent fonctionner dans d'autres registres, celui des communautés par exemple, qu'il s'agisse des héritages tribaux en Afrique ou des nominations aux États-Unis. Une déformation française nuit à nos analyses, en nous empêchant de bien comprendre l'ethnicité (au sens des auteurs anglo-saxons) qui dessine des frontières infra-étatiques [2].

Aussi centrale qu'elle soit, la question de l'identité n'épuise pas celle de la nature de l'État. Il reste encore à comprendre l'impératif territorial. Nous pouvons admettre rapidement qu'il se présente comme la contrainte d'interaction. Les activités sociales, qui sont de formes spatiales et de logiques de fonctionnement très variées, entrent plus facilement en interaction lors-

---

1. Bertrand Badie, *La fin des territoires*, Paris, Fayard, 1995.
2. Philippe Poutignat, Joëlle Streiff-Fenart, *Théorie de l'ethnicité*, suivi de Friedrich Barth, *Les groupes ethniques et leurs frontières*, Paris, PUF, 1995.

qu'elles sont toutes circonscrites dans une surface clairement délimitée et soumises à cette dimension, l'État assurant la permanence de l'unité quand les acteurs sociaux expriment des intérêts divergents et changeants [1]. L'échange marchand, la solidarité et la sécurité sociale, la mobilisation politique, la pratique religieuse, et l'amour d'un maillot à la poursuite d'un ballon s'organisent selon des configurations très différentes qui ne se recoupent pas. Quoique, par clarté, dans les petites sociétés locales de l'Ouest de la France par exemple, se dessinait, il n'y a pas si longtemps, une opposition simple entre les « chouans » et les « laïcs » qui se retrouvait dans l'école, le vote, les pratiques sportives, les loisirs des enfants, les salles de cinéma, et les clientèles commerciales. À l'échelle de l'État, il se produit un rassemblement de cette nature en dépassement de la diversité, qui confine à l'intérieur d'un même cadre les intérêts économiques, l'identité politique, la solidarité sociale. Dans la petite ville de l'Ouest de la France, l'unité des communautés opposées se faisait autour d'un choix d'école ; dans l'État, l'unité se fait autour de l'identité nationale dont les ferments sont eux-mêmes divers : la confusion de la nationalité et de la citoyenneté en France avant les lois Pasqua, l'ethnie en Allemagne avant la révision de la Constitution fédérale en 1990, la Couronne au Royaume-Uni avant... Peut-être cela contribue-t-il à fabriquer de la société justement, la fonction politique devenant première, en charge des arbitrages qui doivent assurer l'équité.

Ainsi envisagé, le territoire de l'État apparaît comme un système spatial, et il est légitime, au sens d'objet scientifique total réglant le problème des localisations, à la

1. Alain Touraine, *La parole et le sang*, Paris, Odile Jacob, 1988.

condition que les logiques internes l'emportent sur les logiques externes et à la condition qu'aucune disposition interne n'échappe à son contrôle. Jamais cette perfection n'est atteinte. Il existe trop d'autres modes d'existence spatiale. Et si l'entrée par l'État est préservée, elle ne saurait couvrir seule l'intégralité des situations géographiques. Elle les ouvre, en revanche, avantageusement même, puisqu'un modèle de comparaison externe est proposé.

Dans cette perspective, la géographie des États devient examen d'un acteur géographique parmi d'autres et, par voie de conséquence, les tableaux d'États ajoutés les uns aux autres ne couvrent plus, loin s'en faut, la géographie du monde. D'autres modèles doivent être identifiés et testés. Les pratiques géographiques raisonnées s'en trouvent transformées et il devient impossible de déverser de l'information dans une portion de l'espace terrestre. La saisie géographique opérée par les analyses économiques, politiques, sociales, culturelles devient illégitime quand elle est contenue dans un tel module, ignorant des formes spatiales spécifiques que prennent chacun de ces champs. La compréhension des processus d'organisation de l'espace s'impose.

Localiser, relier, découper

Faire de la géographie c'est d'abord nommer, j'y ai suffisamment insisté. Et cela n'a rien de commun avec la récitation nomenclaturale. Nommer est une opération complexe d'identification et de délimitation, une reconnaissance géographique de l'unité. Selon les niveaux d'analyse, la dimension des lieux et les critères de leur définition varient de telle manière qu'il n'est pas envisageable d'attacher le concept à une échelle spécifique.

À ce titre, il n'existe que deux unités incontestables : l'individu et le monde. Tous les objets intermédiaires sont contingents, soumis à la production sociale d'unité ou à l'hypothèse du géographe. Un paysage immédiat est un lieu, tout comme une ville ou un État.

Par quoi l'État annule-t-il les distances ? Voilà la question qui englobe l'approche proposée. La réponse est relativement simple si nous nous référons à ce qui a été noté plus haut : par la fiction du territoire qui délivre l'identité (identique) en remplacement de tous les particularismes et par la primauté de la fonction politique. La géographie du politique apparaît bien différente de la géopolitique qui prend la base géographique comme argument, voire comme la preuve de la justesse d'une idée partisane et d'une représentation. Dans la géographie du politique, nous observons comment l'État provoque l'interaction en « déclenchant » le système spatial, en reliant par le territoire organisé des phénomènes indépendants (voir plus haut ce qui ne se produit pas encore en Mauritanie).

Un exemple assez simple illustre cette démarche. Lorsque, dans la description du système rizicole en Asie tropicale, la relation entre l'intensité culturale et la capacité peuplante (ou paysagère) est évoquée, deux sous-systèmes sont distingués. L'un, physique, rassemble les contraintes climatiques de l'eau et de la chaleur et la terre agricole. L'autre, « humain », lie la forte densité (la disponibilité en travail), la maîtrise de l'eau et la maîtrise du sol. Mais la superposition des deux ensembles spatiaux est insuffisante pour atteindre l'explication, puisque de vastes surfaces mondiales de climat tropical ou subtropical de tendance humide échappent aux fortes densités rurales. Il y manque un élément extérieur qui réunit en un système d'interaction le sous-système physique et le sous-système humain : l'organisation de la société et du territoire dans des dimensions relativement vastes et surtout dans la durée. Aussi bien en Inde qu'en Chine (et plus en Chine qu'en Inde) l'État ou proto-État est ce déclencheur [1] qui crée de l'unité (un système spatial). C'est la différence avec l'Afrique où l'État précolonial est faible, éphémère souvent, et toujours constitué sur d'autres bases que le territoire agricole.

La conquête et l'intégration de marges pionnières, la spécialisation régionale agricole, l'industrialisation, ce que l'on appelle développement comme application de la rationalité dans l'organisation de la société (cela se discute évidemment et c'est pourquoi la fonction politique est centrale), tout s'est historiquement réalisé par l'État et l'invention du territoire [2], même lorsque le mouvement de modernisation ou les acteurs sociaux sont prédominants [3]. Mais c'est de moins en moins vrai. De nouvelles localisations, de nouveaux systèmes spatiaux surgissent, qui subvertissent les frontières. L'espace géographique émergent laisse voir des formes transétatiques dominantes qui sont réticulées souvent mais pas seulement (l'agriculture, en Europe occidentale, se dessine en surfaces auréolaires autour d'un centre bas-rhénan [4]). Par des liens différents, des délimitations nouvelles s'imposent à des objets qu'il faut aussi nommer et qui n'entrent pas dans la nomenclature interne (voir, par exemple, la « Banane Bleue » ou l'Asie Pacifique).

Localiser, en reliant et découpant : les trois opérations géographiques permettent d'identifier des objets légitimes. Les critères sont à discuter, les modèles d'organi-

---

1. Déclencheur : concept de la systémique qui désigne ce qui provoque la relation et lance les fonctionnements en boucle, utilisé pour éviter la notion de cause qui serait impropre.

2. Paul Alliès, *L'invention du territoire*, *op. cit.*

3. Alain Touraine, *op. cit.*

4. Lydia Mykolenko, Roger Calmès, *L'Europe agricole*, Paris, Ellipses, 1988.

sation aussi : ces deux cartes le suggèrent fortement (figure 13). Ou bien la continuité spatiale est assurée ou bien la frontière introduit une discontinuité qui oppose. La localisation des centres et des périphéries s'en trouve bouleversée. Plus encore, selon les phénomènes étudiés, un modèle ou l'autre s'impose. En Europe occidentale, tout ce qui relève de l'échange marchand devrait plutôt se conformer au premier modèle ; ce qui, au contraire, ressortit à la concurrence, voire au dumping social ou bien à la contrebande, se moule sur la deuxième proposition. Lorsque l'État, comme modèle géographique, est évalué, la compréhension des localisations consiste à comparer l'effet des logiques internes et des logiques externes pour finir par placer la limite d'efficacité du système spatial. Elle n'a pas toujours la forme d'une frontière ; ce peut être aussi un plan quand coexistent différents espaces sur une même surface : l'espace économique, l'espace culturel et l'espace politique ne coïncident pas, par exemple, au niveau mondial d'analyse. Il n'est donc pas simple ni évident de choisir les noms et les limites des régions mondiales, pas plus qu'il n'est possible d'affirmer la perméabilité totale d'une frontière d'État.

Les régions sont, le plus souvent, présentées comme des sommes d'États. Mais qu'est-ce qui fait le lien ? Les territoires des États entrent-ils en bloc dans des ensembles plus vastes ? C'est ce que laisse croire l'idée d'un emboîtement d'échelle. Existe-t-il un déclencheur spécifique à chaque palier, créant l'unité par la diminution, voire l'annulation des distances ? L'Europe, l'Aire Pacifique, et d'autres, sont présentes en tant que telles dans de trop nombreux arguments. Quelle est leur « réalité » ? La première serait-elle surtout politique, la seconde économique, etc. La contiguïté spatiale ne suffit pas à établir le système. Dans mon optique critique, la recherche des propriétés (définition en compréhension) l'emporte sur la

Figure 13. *Les interactions en Europe*

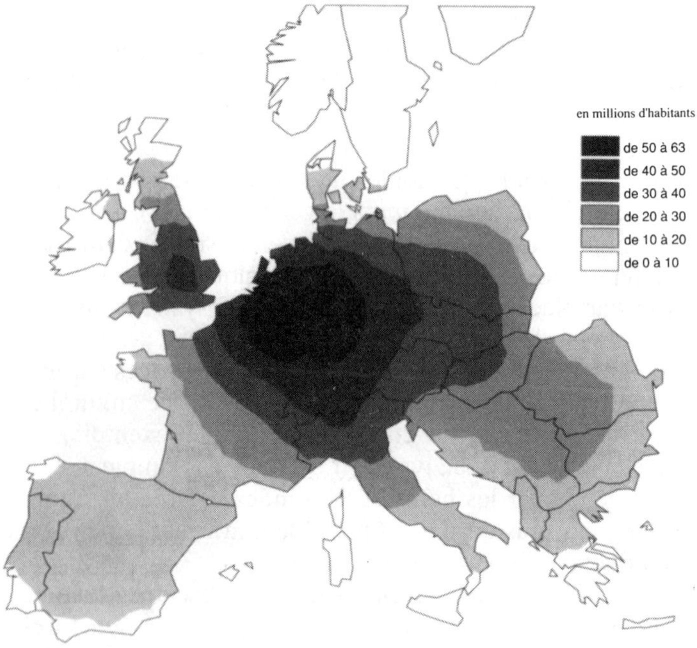

Potentiel de population en Europe vers 1988
(portée moyenne des interactions : 250 km ;
perméabilité des frontières : 100 %)

Les cartes 13 a et b sont reproduites d'un article d'Isidore Boursier-Mougenot, Nadine Cattan, Claude Grasland et Céline Rozenblat, (publié dans la revue *L'Espace géographique*, n° 4, 1993). Le potentiel de population exprime le nombre d'habitants mobilisables dans un système d'interaction organisé par une activité quelconque dans des limites variables (ici le pas de 250 km est choisi comme pour une attraction rare et sans effet de frontière).

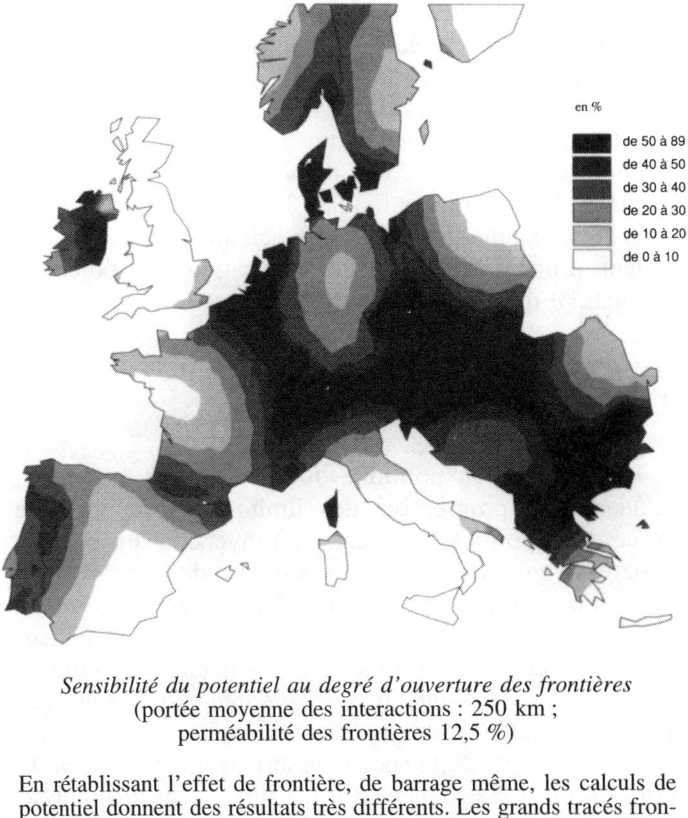

Sensibilité du potentiel au degré d'ouverture des frontières
(portée moyenne des interactions : 250 km ;
perméabilité des frontières 12,5 %)

En rétablissant l'effet de frontière, de barrage même, les calculs de potentiel donnent des résultats très différents. Les grands tracés frontaliers sont soulignés dans ce cas, jusqu'à inverser le rapport centre-périphérie. Cependant, des frontières imperméables peuvent aussi attirer, d'autant plus qu'elles génèrent des activités spécifiques qui profitent de la disjonction. Des bourrelets se dessinent alors au long des grands tracés.

délimitation nomenclaturale (définition en extension). Mais l'État le permet, cependant, et constitue même un problème central parce que c'est le seul exemple d'intégration des différents secteurs de l'activité sociale. C'est le seul exemple de la victoire du politique qui inclut la nécessité de légitimité. Sa « crise » ou sa mutation sont plus instructives si l'État est un modèle géographique dont l'effectivité est évaluée, si l'État est un acteur et un opérateur géographiques parmi d'autres. Là s'institue la différence entre le discours idéologique qui prend l'État comme objet sacré, confondant l'instrument et l'expression d'un peuple, et le discours scientifique qui juge la valeur d'une institution à la réalisation des objectifs, comparant discours et efficacité.

La signification politique du territoire

La signification politique du territoire est très forte. L'adaptation progressive des limites aux rapports de force entre polities étrangères et l'inversion qui conduit progressivement à l'instrumentalisation de l'exhaustivité et de l'exclusivité resserre les identités sur la terre, la transformant en enjeu. Alors, le territoire est un facteur de mobilisation donc d'identité renouvelée ou toujours entretenue. Le cas indien est assez intéressant à ce titre puisque, pendant plus de deux millénaires, la structuration idéologique de la société assure avantageusement la cohésion en l'absence d'un Empire ou d'un État stables [1]. Le territoire importe peu. Avec la décolonisa-

1. Jean Baechler, *La solution indienne*, Paris, PUF, 1988. *Politie* est un mot forgé par J. Baechler pour désigner « un groupe de pacification tendancielle vers l'intérieur et de guerre virtuelle vers l'extérieur » (*Précis de la démocratie*, Paris, Calmann-Lévy, 1994, p. 27).

tion en 1947, tout est changé. Et la séparation est le premier acte d'un passage au paradigme territorial. Suivent les remaniements territoriaux qui tentent d'adapter les frontières internes à la question musulmane, à la question ethnique, à la question tribale, tantôt en séparant les aires tribales entre plusieurs États, les rendant toujours plus minoritaires, tantôt en calquant les limites politiques sur les limites linguistiques, entre Tamil Nadu et Andra Pradesh par exemple, évitant d'avoir à traiter la question des fortes minorités musulmanes par l'activation d'autres identités. Partout, l'approche géopolitique domine, et pas seulement dans les zones frontalières ou irrédentes [1].

Que les identités des sociétés soient fortes ou faibles, la fonction du territoire est partout la même, mais plus ou moins sollicitée : c'est l'accumulation de symboles disposant d'une permanence matérialisée. Le territoire est en lui-même une icône, jusqu'à prendre des formes symboliques : l'hexagone, le taureau, etc. C'est là que s'opère le glissement vers la patrie, le pays, une relation généalogique.

Cette relation réversible de l'identité et de la terre renvoie à deux manières d'évaluer le territoire : comme un être ou comme une simple expression géographique, selon le mot assez méprisant de Metternich. Il arrive d'ailleurs que des expressions géographiques deviennent des êtres et prennent idéologiquement corps dans l'esprit de leurs promoteurs puis finissent par devenir réelles. Du Gabon à l'Australie, des pays se sont constitués, souvent nationalistes à la mesure de la faiblesse des liens autres que le territoire, capables même de nier les territorialités antérieures. Les pays pionniers sont souvent dans ce cas.

---

1. Jean Racine, « Civilisation, culture et géopolitique », *Hérodote*, 49, 1988 (carte).

Malgré tout, le territoire est toujours une mémoire, du temps arrêté et même figé, enregistré, qui conserve la marque des lieux créés selon des modalités très spécifiques et très proches : d'où les redondances, la familiarité, le sentiment d'en être. Le support physique de l'identité renforce l'identité dans la mesure où l'identité elle-même a introduit du sens dans cet espace physique. Je ne pense pas seulement au physique de la nature, des fleuves et des montagnes, des plaines et des forêts mais aussi aux traces physiques construites par les générations. Après tout, il est probablement aussi difficile de déplacer Paris que le mont Blanc, sauf à créer un Vichy et à prendre la Beauce comme haut lieu mythique, et les flèches de sa cathédrale pour horizon, après élimination des autres symboles. Si les éléments du territoire sont permanents, les sens ne sont pas figés et le surgissement est toujours possible d'un nouveau signal agité. La pluralité est reine dans la territorialité et les niveaux de taille varient considérablement dans les patriotismes, de l'esprit de clocher au sentiment de race en passant par toutes les formes de nationalisme. Il n'en est pas beaucoup qui ne cherchent leur légitimité dans la nature des lieux. Mais nous avons vu que le lieu est éphémère. Nous pouvons donc le rapporter à l'événement. Alors le territoire ressemble à une période, des lieux liés en une unité de temps plus vaste qui non seulement se marque en mémoire comme une continuité, mais rassemble les lieux/événements par des principes perpétués de localisation. Lieu/événement ; territoire/période ; espace/temps. Il n'est pas souhaitable de transposer les concepts d'une discipline à l'autre ni d'établir un tableau de correspondances. Nous pouvons seulement noter la relation entre les deux dimensions de la connaissance, voire de l'expérience. Il n'y a de lieu que par un événement qui donne un contenu et une orientation à un site ; il n'y a probablement d'événement que localisé.

Ce qui fait lieu dans un territoire, c'est toujours un peu la même chose. Dans le territoire nomade dont nous parlions plus haut, c'est le puits ou l'oasis ; dans l'espace de circulation des marchands, c'est le carrefour ou l'*emporium* ; chez les paysans, c'est le terroir, l'unité agronomique. Dans les sociétés de communication, ce sont les symboles du projet en marche : aux États-Unis, Volney relevait que les « Américains tracent d'abord un chemin, et portent une presse pour avoir un papier-nouvelle » ; Carl Jung trouvait plus tard que les Blancs marchaient, parlaient et riaient comme des nègres. Et la localisation des cadres dans lesquels les grands feuilletons télévisés se déroulent finit par constituer un territoire aux multiples centres successifs, tous intégrateurs, comme les lieux mythiques du western [1] : de New York à Beverly Hills en passant par Miami et Dallas.

Mais le temps est irréversible alors que les territoires, même enregistreurs de mémoires, ne sont jamais définitifs ; c'est que la mémoire actualisée et la réalisation de l'idée peuvent l'emporter sur les héritages admis. C'est une trop grande facilité de dire que le territoire stabilise la mémoire : cette mémoire est sélective et les propositions énoncées peuvent transformer considérablement les sens. Les assertions territoriales sont toujours très modalisées. Prenons, par exemple, l'affirmation selon laquelle le Rhin coule entre la France et l'Allemagne. Voilà un constat presque neutre. Affirmer, ensuite, que par le Rhin passe la frontière entre la France et l'Allemagne, guide l'observation vers une affirmation beaucoup plus précise et sa vérification. C'est encore dif-

---

1. Jacques Mauduit, Gérard Henriet, *Géographies du western*, Paris, Nathan, coll. « Arts Université », 1990.

férent d'estimer que le Rhin marque la frontière naturelle entre la France et l'Allemagne. N'est-il pas possible d'estimer par de mêmes phrases que la Meuse ou le Rhône forment frontière et qu'après tout la mémoire enregistrée dans le territoire est de beaucoup plus longue durée hors de la France pour tout ce qui se trouve à l'est de ces lignes, que dans la France. Il suffit de l'activer, au risque de l'insuccès, au demeurant, mais sait-on jamais... Ailleurs, c'est ce que ne manquent pas de faire tous les malades de l'identité restaurant de vieilles images ou de vieux fanions, sortant les cadavres des cercueils et mobilisant pour le futur toutes les forces du repli au nom de la vérité ou de l'authenticité. C'est bien fréquent.

La première phrase proposée plus haut sur la frontière du Rhin rend possibles les affirmations suivantes. Mais, pour penser frontière immédiatement, il faut avoir la coupure déjà présente à l'esprit ; il faut avoir appris, puis réciter cette interprétation. Or l'on sait comment la frontière entre la France et l'Allemagne s'est longtemps promenée, singulièrement lorsque, de part et d'autre de leur frontière, les entités territoriales ne sont pas tout à fait de même nature. Dans une lecture idéologique, une expérience mémorisée ou apprise, une confusion entre l'expérience et ce qui doit être, puis une extension au concept universel, ici l'idée de frontière naturelle, renforcent le constat neutre jusqu'à l'orienter. Les opérations sont successivement les suivantes : constat neutre, lecture idéologique, utilisation du concept *ad hoc*, réalisation de l'idée. Alors commence la guerre. Quelle est la réalité du territoire ?

Qu'est-ce que marquer un territoire ? L'identité est inscrite dans l'organisation de la société ; pour valider cette identité, on la matérialise. C'est l'ancrage qui compte poussant jusqu'à la naturalisation. Le territoire

PRESSES de SCPO

PRESSES DE SCIENCES PO

44, rue du Four

75006 PARIS

fait preuve. Comment fonctionne-t-il ? Le territoire n'existe qu'à la condition que l'idée soit opérationnelle. En plus de l'instrumentalisation et de la réalisation, l'opérationnalité souligne un effet de retour, une efficacité qui font du territoire un système spatial en boucle de rétroaction positive. En fait, quelques lieux du territoire suffisent à provoquer cet effet. C'est d'abord la limite externe qui peut être un disjoncteur net, ou un bourrelet (la frontière attire) ou encore un glacis (frontière morte). Quelques hauts lieux symboliques (rappelons-nous la valeur des noms) jouant le rôle de l'icône. Plus efficacement, c'est le centre et le réseau qui le relaie jusqu'à irriguer la moindre parcelle du territoire par tous les niveaux de la hiérarchie des lieux. Il n'est pas de territoire durable qui ne soit traversé par cette fonctionnalité de l'espace géographique. Alors la limite est un seuil, celui de la capacité d'action du centre organisateur, selon le principe qui fait l'unité, politique, culturel ou économique. Et le territoire est d'autant plus stable et homogène que les différents principes entrent en interaction. Nous savons comment l'État réalisait cette équation. C'est encore son actualité. Mais il perd de sa capacité quand d'autres entités lui disputent la légitimité « géographique ». Certaines conservent la forme « territoriale » ou découpée, appuyée toujours sur des géographismes : ce sont les vastes ensembles appelés régions mondiales que certains voient comme des unités au moins aussi totales, aussi efficaces et aussi légitimes qu'avaient pu l'être les États. D'autres sont des formes spatiales en réseaux, qui émergent et dont certains acteurs, telles les entreprises transnationales, jouent comme de « territoires » mais au sens où nous l'avons rencontré chez les nomades qui lient les lieux par le temps. La légitimité ne réside pas forcément dans la terre ni dans aucune de ses parties, même conventionnelle. Il faut un peu plus de contenu : disons de la société. L'Europe, qui bénéficie de tant d'attention et qui a été tellement réifiée, voire anthropomorphisée, supporte avantageusement le test méthodologique. L'opération devient assez complexe puisque se trouvent maintenant emmêlées les volontés de croire, de faire et de savoir dans une justification idéologique qui peut aussi bien être pour que contre. Une seule échappatoire permet l'analyse de la situation, celle qui consiste à prendre l'objet pour un problème et non pour une chose, celle qui consiste à observer les volontés à l'œuvre.

Chapitre 4

Europe *

> « L'Europe est de plus en plus diversement et richement un espace indivis pour la philosophie, les sciences, les idées politiques, les lettres, la poésie, le roman, la musique. »
>
> Edgard Morin, *Penser l'Europe.*

Je ne crois pas à l'*être géographique*. Cette profession de foi négative est-elle efficace quand un nom seul, comme Europe, suffit à prouver une existence ? La nomenclature n'est pas un savoir innocent. D'abord elle s'inocule et, de la même manière qu'il est difficile de s'affranchir du premier récit d'un événement, on ne revient pas sur les dénominations qui servent de repère, même si la tautologie géographique en est la consé-

---

* Ce chapitre sur l'Europe résume les orientations d'un cours professé à l'Institut d'études politiques de Paris par Christian Grataloup, Jacques Lévy et l'auteur. Pour de plus amples développements, se reporter au livre à paraître de Jacques Lévy, *Europe*, coll. « Carré », Hachette, 1997. Pour des applications, Jean Barrot, Bernard Ellisalde et Georges Roques ont publié un ouvrage sur la base des travaux dirigés accompagnant ce même cours, *Europe, Europes*, Vuibert, 1995.

quence. La nomenclature prend aussi une force redoutable lorsqu'elle est reportée dans le champ de l'action. C'est la vieille histoire des « expressions géographiques ». Selon le nom choisi, le voisin ou le concurrent dans l'existence peuvent se voir reconnus ou effacés, qualifiés ou méprisés. La nomination est à la base de la géopolitique. Europe, sous-continent indien : les deux appellations placées en vis-à-vis ne renvoient pas aux mêmes épaisseurs de sens ; il suffit de peu de chose, la préférence pour le nom sanscrit de Bahrat Mata [1], par exemple, pour inverser la hiérarchie, remplissant d'un sens beaucoup plus profond le nom de l'Inde, et conduisant à observer la faiblesse de l'émotion produite par le mot Europe. Bessarabie ou Moldavie ? Palestine ou Israël ? Être ou expression ? Le choix dépend largement du point de vue et touche aussi bien les limites que le nom. Autant dire qu'il n'y a pas d'être mais que le sentiment de l'unité géographique est fréquemment utilisé dans les constructions idéologiques. Alors, l'Europe ?

Existe-t-il un être sous ce nom ? Est-il conscient de soi ? Qui pourrait être conscient de lui ? C'est Paul Valéry qui nous entraîne vers la découverte de ce qui transforme un simple cadre en une existence : « Je n'avais jamais songé qu'il existât véritablement une Europe, dit-il, [...] nous ne pensons que par hasard aux circonstances permanentes de notre vie [2]. » L'être géographique aurait donc bénéficié d'un trajet de l'en-soi vers le pour-soi ? Mais par qui ? Le sujet importe dans cette opération. Surtout quand l'objet peut lui-même être sujet, les « circonstances permanentes » de la vie des autres devant être encore plus souvent et plus profondément ignorées que les siennes propres, voire refusées.

---

1. « Inde » mère.
2. Paul Valéry, *Regards sur le monde actuel, op. cit.*

On peut tirer de cette ignorance la satisfaction d'un savoir infatué et finalement peu légitime. C'est assez courant dans le réalisme étriqué qui croit que le monde entier entre dans les catégories descriptives laborieusement élaborées ici, pour le confort de notre identité et pour l'extinction de toute curiosité.

L'Europe, une géographie

Les objets étant définis par une limite et soutenus par un nom, il ne reste plus qu'à en décrire les caractères circonscrits. De l'Europe, il est possible de faire la géographie. Ainsi les portions prédécoupées de l'espace terrestre prennent-elles des statuts ontologiques très contrastés. Les « êtres » géographiques sont indépendants du monde, ils sont avant et après les hommes et les sociétés ; ils sont même sans avoir besoin des autres. Ailleurs, des « expressions géographiques » recouvrent les *terrae nullius*, les terres de personne, dessinées en ensembles régionaux de diverses qualités, toujours externes. Le dessin des terres, les niveaux économiques, les histoires même, pas toujours confrontées avec les identités actuellement mobilisées, peuvent être appelés à fournir la base de l'intelligence tirée d'un bric-à-brac du savoir. Traitement inégal, courte vue, cynisme, malhonnêteté, toutes les options sont possibles et elles importent peu. La seule question qui vaille ici porte sur la légitimité des objets ainsi découpés selon des statuts variés et sur l'opérationnalité acquise par la connaissance.

L'Europe donc. Existe-t-elle ? Est-elle un être géographique ou une simple expression de regroupement ? Lorsque nous disons être géographique, cela signifie qu'une essence s'est manifestée dans une existence. C'est une manière de « naturaliser » ou « diviniser », c'est selon, ce qui nous apparaît comme un territoire. Les marques sont-elles inscrites dans la terre ? On sait à quelles dérives cela conduit parfois. Il apparaît donc nécessaire, même à la peine, de nous interroger sur la légitimité de l'objet de connaissance *et* sur la légitimité du projet politique puisque aussi bien le second va chercher ses justifications dans le premier. Poursuivons, pour ne pas être en reste, par l'État puis par toute entité de contenu social et politique dont l'évidence tiendrait dans le territoire. La question se referme immédiatement sur la légitimité du territoire lui-même. Quelle en est la signification géographique ?

Si nous posons l'Europe comme objet, nous en cherchons soit la substance analysable et décomposable en parties, soit le lien. Elle est alors une somme dont la limite extérieure suit celle de ses éléments périphériques ou une totalité faisant système. Mais la tautologie nous enferme puisque la chose est posée d'abord : tous les indicateurs que nous pouvons relever prennent la forme prédéfinie. Pour y échapper, il faudrait encore dire à quoi correspond l'opération « somme » et justifier le choix des éléments ainsi ajoutés les uns aux autres ou identifier une relation qui enferme. L'Europe est-elle la somme du climat méditerranéen, des Alpes, des vallées du Rhin et du Danube, des Balkans et de la France, à quoi il faudrait encore ajouter quelques îles, la dérive nord-atlantique, l'Oural et le cap Nord ? Qu'est-ce qu'un tel inventaire ? Une brocante dans laquelle tous les choix sont permis, selon l'humeur ou le besoin. Trop souvent, dans l'enseignement comme dans la production de savoir en géographie, les objets d'étude et de connaissance sont posés comme des parts délimitées de l'espace terrestre ; trop souvent, il est demandé à la géographie cette activité de justification par la description. D'où sort l'évidence sinon d'une certitude ? Et, si l'Europe est un système

Figure 14. *L'Europe éclatée*

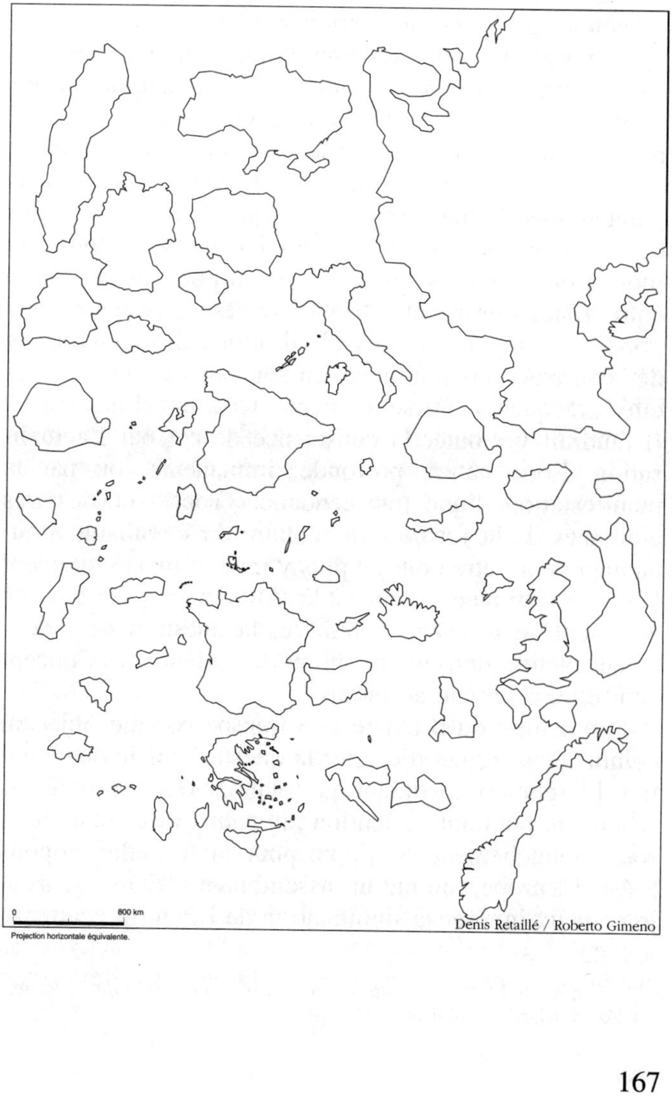

spatial, quelle est la fonction qui régule des identités éclatées, une mosaïque d'États longtemps affrontés et une économie plutôt mondiale que continentale, au point d'enclencher là une interaction spécifique ?

En posant l'Europe comme un être, une interrogation incontournable se profile : qui est-il ? Les détournements mythologiques ne sont pas très utiles, bien qu'il ne manque jamais un paragraphe introductif pour rappeler qu'Europe, Phénicienne enlevée par Zeus... les premiers paragraphes d'Hérodote ne sont que cela, enlèvements de femmes par lesquels se dessinent les contours du monde ou au moins ses divisions au point de rencontre entre Asie, Europe et Afrique. À ces divisions correspondent des peuples, des civilisations dirions-nous, et des constructions politiques en sont les catalyseurs : les cités grecques, la Perse, l'Égypte. Cela fait-il des êtres ? Il faudrait y ajouter la conscience de soi par l'actualisation d'une nature profonde, immanente, ou par la manifestation d'une transcendance. Toutes choses très éloignées de la forme rudimentaire du « réalisme » qui en appelle à l'être pour ne plus y revenir mais seulement le décrire à travers ce qui est là. Autrement qu'être, voilà comment se pose, en définitive, la question de l'existence cachée derrière un nom de ralliement. Concept peut-être, propriété au moins [1].

Le postulat qu'il existe une Europe comme objet ou comme être permet d'écarter la question finale de ce qui fait la relation instituant la totalité. Deux problèmes retiennent pourtant l'attention : la nature de la relation et son déclenchement. Si j'opte pour la formule géopolitique, l'Europe comme un assemblage d'États « unis », je ne peux ignorer la signification de l'État, ni écarter le

---

1. Emmanuel Lévinas, *Autrement qu'être ou au-delà de l'essence*, La Haye, Martinus Nijhoff, 1974.

choix de la souveraineté et de la subsidiarité. Et quand bien même je m'attache à rapprocher les institutions, cela ne fait pas encore un être. Il lui manque la vie. Pour arriver à l'existence, l'Europe a besoin de la participation consciente des individus. Mais en me tournant vers l'idée de l'unité, vers l'idée aussi de la circonstance qui l'affirme, le regard ne porte-t-il pas d'abord sur l'existence d'une propriété capable de fusionner la diversité ? Noël 800, Constantinople 1453, Westphalie 1648, mais aussi Vienne 1815, Versailles 1919, Rome 1957 dessinent une entité de nature et de contenu variables selon le principe retenu, mais dont le nom est constant. Existe-il donc un lien plus profond qui maintient l'unité ou l'idée de l'unité en deçà des vicissitudes historiques ? Pour serrer de plus près ce que le discours idéologique nomme « être géographique », il me faut encore déceler une relation entre les hommes qui soit autre chose qu'un arrangement institutionnel. En fait, je cherche une société.

Nous avons l'habitude de penser que la trame fondamentale du monde des hommes est géopolitique ; le monde est une somme d'États et l'Europe ne déroge pas. Elle a même montré la voie, la variété des listes établies selon les « circonstances » n'y changeant rien. Or cette définition en extension comprend tous les défauts de la chose posée. C'est l'autre manière de définir que j'espère, celle qui s'attache aux propriétés. Apparaît-il, en Europe, une propriété originale qui lie les hommes, quelle que soit la manière dont ils sont regroupés, en États, ethnies, religions, idiomes... et qui dépasse les cloisonnements ? Non pas un caractère extérieur ou une limite, mais une propriété qui permette de dire : c'est cela l'Europe. Peut-être d'ailleurs la majuscule devrait-elle disparaître dans ce cas ! C'est cela de l'europe. Le jeu des lettres est-il trop allusif ? Je voudrais pouvoir dire : « Là il y a de l'europe », comme je peux dire : « Il y a de la pêche, il y a de l'agriculture... » ou pour approcher plus précisément de l'esprit de cette quête, dire c'est de l'europe, comme dans d'autres circonstances on dirait « c'est un front pionnier », ou « une diaspora » : un original (voire un stéréotype) sert de référence sans épuiser le phénomène dans la singularité. Personne n'a encore pu définir l'Europe en la délimitant, toutes les conventions s'effondrent quand on les gratte un peu. Pourtant, il existe un modèle européen qui est double, on le verra, et qui sert de calibre à bien des approches que nous avons du monde.

Pour être suivi sur cette voie, passer de l'Europe comme continent conventionnel à l'europe comme propriété en montrant au passage que l'Europe est un problème et un horizon mais pas une entité naturelle à retrouver, je dois dresser l'impossible tableau géographique. De la même manière qu'en traitant le territoire par l'exemple mauritanien, il apparaîtra une forme d'inconsistance des discours géographiques habituellement distribués au point que le besoin d'une autre approche prendra sa justification. L'europe deviendra en elle-même une géographie.

Une géographie, l'europe

Ce que l'Europe n'est pas ? Un continent assurément. Les volontés réunies de Pierre le Grand et Charles de Gaulle, relayées par quelques générations de suiveurs assez aveugles, ne suffisent pas. Le stéréotype de la frontière naturelle ne prend pas toujours et l'Oural n'est pas une ligne de rupture suffisante pour faire la limite d'un continent, à moins d'en revoir la définition, spécialement pour l'Europe, à moins de s'en tenir aux trois mondes des antiques ; à moins d'accepter, pour chaque convention, une définition *ad hoc*, auquel cas il n'en est plus de possible. Je voudrais savoir pourquoi il n'existe qu'un sous-continent indien, au-dessous de l'Asie, ou de l'Europe qui seraient pairs ; je voudrais savoir pourquoi le « continent » brésilien est resté sans succès, et pourquoi la Chine, si monolithique en apparence, n'a jamais bénéficié de ce grade.

La réponse est généralement simple : il existe une unité culturelle, dit-on ? Un continent est une sorte d'île terrestre soulignée par l'originalité de sa civilisation. Mais alors la Chine ? Et l'Afrique dans son extraordinaire diversité, incomprise ou tellement résumée par une couleur ? Passons sur les approximations grossières pour revenir « en » Europe. Où trouver l'unité culturelle ? En suivant des itinéraires de diffusion, depuis la Méditerranée ou depuis le cœur de l'Asie et en repérant leur rencontre, le maximum de leur rencontre : entre Danube et Rhin pour une résultante géométrique, entre Galicie et Galles pour une résultante physique, les finistères, et bien sûr en France comme résultante des résultantes. La France résumé de l'Europe, méditerranéenne et nordique, atlantique et continentale. L'Europe est équilibre, tempérée. Et la France... Toutes ces choses ont été apprises en détournements idéologiques de savoir.

L'unité culturelle, en poursuivant l'investigation, n'en est donc pas tout à fait une. À moins qu'elle tienne dans la rencontre de courants pour constituer une histoire. Claude Lévi-Strauss pense d'ailleurs qu'il n'est d'histoire qu'à cette condition [1], comme il n'y a d'électricité que par une différence de potentiel. L'unité culturelle est d'autant plus difficile à cerner qu'aux trois grands courants provenant de la Méditerranée – la raison grecque,

1. Claude Lévi-Strauss, *Le regard éloigné*, Paris, Plon, 1983, p. 21-48.

l'organisation romaine, l'individu chrétien divinisé –, les invasions barbares ont superposé une trame politique qui a cloisonné les formules locales du mélange. Impossible alors de trouver une Europe conventionnelle par une langue unique, par une religion même, sans parler des niveaux de richesse. Les indicateurs d'identité sont éparpillés. Et quand on ne veut pas en appeler à la rhétorique creuse, la formule de l'unité et de la diversité ne suffit pas, dans son ambivalence, à satisfaire les besoins de définition. Nous pouvons retenir pourtant qu'un caractère global pose problème : la diversité. Nous pouvons même noter que ce caractère se retrouve à travers tout le monde, pour peu que l'on veuille bien ne pas le regarder de trop loin. Pour identifier une Europe, il faudrait trouver qu'il y existe une manière spécifique de traiter cette diversité que nous appellerons europe, une géographie.

Pour définir l'europe sans être sûr, *a priori*, qu'il existe un objet singulier lui répondant parfaitement, je peux utiliser tous les indicateurs communs : une propriété se mesure alors qu'une entité s'affirme ou est affirmée. J'observe, par exemple, à travers la simple densité de population (il serait d'ailleurs beaucoup plus efficace d'utiliser l'indice de concentration qui décrit la distribution), que là où nous parlons d'Europe, les valeurs sont élevées ; on peut dire que la concentration est une propriété de la population européenne. Mais ce n'est pas vraiment une propriété singulière : de mêmes fortes densités s'observent ailleurs dans le monde. En poursuivant l'exploration de la veine, je peux me demander si les fortes densités européennes ne correspondent pas à un type spécifique de distribution de la population. Ainsi, j'observerai qu'en Europe les fortes densités sont liées spatialement à la présence de villes, non pas de villes gigantesques macrocéphales, mais des villes de dimension moyenne, très nombreuses et très proches les unes des autres. Là se montre une différence avec les autres foyers de forte densité. En Asie, en Amérique ou même en Afrique, les condensations de peuplement s'organisent autour de noyaux urbains de dimension relative considérable, éloignés les uns des autres, mais noyés dans une distribution très serrée et continue de la population rurale (Inde, Chine, Java) ou isolés (Afrique). Bien sûr, deux cas d'espaces métropolitains non européens arrivent à l'esprit, et de dimension telle qu'on y a d'abord appliqué l'expression de Megalopolis [1]. Alors, ce qui fait l'originalité de la situation européenne, c'est que ce réseau urbain dépasse les constructions politiques et leurs frontières, unifie en quelque sorte, ou lie en tout cas, une grande diversité de « provinces ».

Si l'on ajoute, à la ville, l'autre manière européenne de traiter la différence proche, l'État, comme nous l'avons cerné précédemment, ce sont deux formules concurrentes d'organisation de la société qui se sont succédé là, en plusieurs aller-retour, après un épisode de confusion pendant l'Empire romain qui est à la fois territorial (militaire et paysan) et urbain (citoyen et universel).

L'Europe, une idéologie

Aux deux manières d'être européen, répondent deux attitudes possibles dans l'analyse des situations : poser l'objet comme une somme de parties ou rechercher la propriété d'une totalité. Choisir relève de l'éthique de la

1. Jean Gottmann, *Megalopolis. The Urbanized Northeastern Seaboard of the United States*, New York, The Twentieth Century Fund, 1961.

connaissance. Ce n'est pas seulement un problème méthodologique. Il est inutile de se cacher derrière des arguments « scientifiques » qui masquent mal leurs fondements quand les opinions fixées orientent l'investigation. Deux textes de genre très différent sont révélateurs de cette mixité. Ils sont tellement datés que leur vérité éclate.

Le premier est tiré de l'introduction d'un manuel publié en 1895 [1]. L'Europe est au programme des classes de seconde. Où fixer l'origine de l'itinéraire pour en apprendre la géographie ? L'auteur évacue, dès l'introduction, une possible entrée par la Méditerranée, qui ferait référence à l'histoire ; il repousse ensuite l'entrée par le cœur économique européen du Nord-Ouest pour mieux éviter la région dynamique du centre avec l'Allemagne lancée dans sa *Weltpolitik* et dans la définition d'une *Mitteleuropa* ; il préfère donc, pour finir, une progression à caractère pédagogique, si l'on peut dire. Puisqu'en troisième l'Asie est étudiée, c'est de là qu'il faut envisager l'Europe, c'est-à-dire à travers ce qui fait la jonction : la Russie. La continuité topographique tient lieu de logique, ce qui est conforme à une conception nomenclaturale et exhaustive de la discipline. Ce qui est, involontairement sans doute, une manière de voir l'Europe par l'une de ses portes frontières, comme Barat Mata est devenue Inde par la traversée de l'Indus.

Suit cette phrase éclairante de l'état d'esprit idéologique qui guide la méthode.

« Si des critiques pointilleux nous objectent que nous les exposons (les élèves) ainsi à comprendre moins clairement l'originalité de l'Europe, nous répondrons par

1. Marcel Dubois, *Géographie*, Classe de seconde, Paris, Masson, 1895.

avance que nous voyons là un avantage au lieu d'un inconvénient. On a reproché aux jeunes Français de tout juger d'après leur pays : ce qui en bien des cas est l'exagération d'un sentiment généreux, du patriotisme. Le chauvinisme européen serait bien autrement grave ; aimer sa partie du monde ne rime à rien. Et nous nous consolerons toujours aisément d'avoir effacé quelque peu la personnalité de notre Europe où nous ne comptons pas uniquement des amis et des frères. »

Par où qu'elle soit prise, notre Europe aura toujours le sens qu'on veut lui donner. Cette volonté qui pousse à étudier ce continent sans surtout observer ce qui lui donnerait un caractère d'unité, affirme une autre priorité, l'État, ramenant le nom au rang des « expressions géographiques ».

Contemporain de la même réalité, Paul Valéry expose, dans l'avant-propos de ses *Regards sur le monde actuel* (1931), comment il a ressenti, dès la guerre entre les États-Unis et l'Espagne en 1895, et la guerre russo-japonaise de 1898, que l'Europe voyait son identité s'effriter en laissant échapper sa centralité ; que l'Europe perdait la propriété fondamentale qui était la sienne depuis les grandes découvertes : l'universalité par la présence. C'est de ce moment où émergent d'autres centres dans le monde que nous aurions, ici, pris conscience que l'Europe existait. C'est vrai en tout cas du penseur Valéry. « Je n'avais jamais songé qu'il existât véritablement une Europe. Ce nom ne m'était qu'une expression géographique. Nous ne pensons que par hasard aux circonstances permanentes de notre vie ; nous ne les percevons qu'au moment qu'elles s'altèrent tout à coup. J'aurai l'occasion de montrer tout à l'heure à quel point notre inconscience à l'égard des conditions les plus simples et les plus constantes de notre existence et de nos jugements rend notre conception de l'histoire si grossière, notre politique si vaine, et parfois si naïve dans ses calculs... Je croyais qu'il fallait étudier l'histoire, et même l'approfondir, pour se faire une idée juste du jour même. Je savais que toutes les têtes occupées du lendemain des peuples en étaient nourries. Mais quant à moi je n'y trouvais qu'un horrible mélange. Sous le nom d'histoire de l'Europe, je ne voyais qu'une collection de chroniques parallèles qui s'entremêlaient par endroits. Aucune méthode ne semblait avoir précédé le choix des " faits ", décidé de leur importance, déterminé nettement l'objet poursuivi. Je remarquai un nombre incroyable d'hypothèses implicites et d'entités mal définies. » L'orientation est tout autant idéologique. Mais la proposition méthodologique, incidemment développée par Valéry lançant ses flèches contre l'histoire, contient quelques avancées.

Nous savons que, dans toutes les branches de la connaissance, un progrès décisif se déclare au moment que des notions spéciales, tirées de la considération précise des objets mêmes du savoir, et faites exactement pour relier directement l'observation à l'opération de la pensée et celle-ci à nos pouvoirs d'action, se substituent au langage ordinaire, moyen de première approximation que nous fournissent l'éducation et l'usage. Voilà un pont qui conduit de l'expérience au savoir et à la pratique ; son équilibre, c'est la connaissance. Et toujours lorsque nous effectuons cette première opération qui consiste à nommer, à identifier et à différencier dans le même temps, nous prenons quelques options pas toujours très conscientes. Annoncer l'Europe d'entrée, c'est comme faire de la classe ouvrière le principe d'une révolution ou transformer une mer en acteur de l'histoire. C'est déjà une actualisation.

Que faut-il donc trouver, dans le savoir commun et

partagé, pour prouver que l'Europe existe autrement que comme une « expression géographique » ? Quelle part de l'expérience humaine pourrait bien conduire à une connaissance de l'Europe, une reconnaissance devrais-je dire ? Je proposais plus haut de chercher une propriété. Où la chercher ? Dans la nature ? Nous savons l'extrême difficulté à définir l'Europe comme un continent physique, les limites en étant fort conventionnelles et la diversité des milieux, maximale. Si nous ne trouvons pas l'Europe dans la nature, délimitée comme une île terrestre – et alors le terme même de continent convient mal (*terra continans*, la terre continue) –, il faut aller la chercher chez les hommes. Mais par quoi ? Des caractères homogènes ou des relations ? Où se trouve la preuve que les hommes qui vivent dans ce cap du Vieux Monde sont les mêmes ou sont unis au point qu'on puisse les différencier d'autres hommes qui seraient en relation entre eux, autrement, ailleurs ? Je crois à nouveau chercher une société. Alors je peux proposer l'hypothèse qui engage le moins, donc le groupe le plus large et le plus flou aussi, la « civilisation », sorte de refuge qui autorise la description externe des œuvres humaines sans trop s'avancer sur la cohésion des fonctionnements sociaux et politiques.

Existe-t-il une civilisation européenne ? Les trop simples caractères de description (définition en extension) ne sont jamais satisfaisants : langue, religion, alimentation, habitat... conduisent au constat de la diversité, voire de l'opposition et souvent de la guerre. Même si la définition d'une chrétienté a pu, un temps, délivrer de l'identité, le christianisme n'est pas né en Europe, il vient de l'Orient, et il a été filtré par la pensée grecque et l'organisation impériale romaine. La propriété européenne résiderait-elle alors dans la pensée politique ? L'invention de l'État, abstraction juridique qui permet le dépassement des identités éclatées et individualisantes, l'État comme médium social qui regroupe en une unité politique des individus de langues différentes, de religions séparées, d'intérêts économiques divergents, l'État moderne, pourrait être au cœur de la définition de l'Europe. Mais il n'existe pas d'État couvrant le continent et ceux qui ont tenté de le faire avaient pris la forme impériale. De plus, les formes politiques européennes se sont universalisées, plus ou moins heureusement, pendant qu'à l'intérieur l'affaire n'était pas jouée, loin s'en faut. Et nous observons encore qu'après une période de construction qui démarre avec les traités de Westphalie en 1648 et s'achève, si l'on peut dire, avec le règlement de la première guerre mondiale et la disparition des empires, les frontières continuent de bouger, et les proclamations d'identité de fuser. Rosa Luxemburg doutait déjà de ce progrès [1]. Il existe trop de régressions contre-modernes présentes dans la définition de l'État-nation lorsque la conception exclusive, ethnique, l'emporte sur l'abstraction juridique. Peut-être d'ailleurs existait-il plus d'europe dans une construction politique pré-moderne comme l'empire d'Autriche-Hongrie que dans les systèmes d'alliance institués entre des États aux fondements très variés. Ni du côté du culturel, ni du côté du politique en tout cas, nous ne trouvons vraiment d'identité européenne. Le premier a beaucoup débordé hors de l'Europe, le second n'est pas aussi définitif qu'on veut bien le penser.

Il reste à examiner un troisième secteur des fonctions sociales, globalement économique. Fonde-t-il un niveau de richesse, une organisation ou une conception de la société qui se dégagent de façon si singulière qu'on

1. Rosa Luxemburg, *Fragment sur la guerre, la question nationale et la révolution* [1918], Paris, François Maspero, 1971.

pourrait en faire le lien spécifique ? Pas vraiment. Bien sûr, le capitalisme marchand et la révolution industrielle sont d'abord européens. Bien sûr, certains ont pensé et écrit, encore récemment, que les prolétaires européens étaient complices de leurs bourgeoisies par la colonisation puis l'échange inégal. La centralité provisoire qui a découlé de cette situation historique a même « isolé » l'Europe, en tout cas les puissances concernées. Mais la diffusion a bien fonctionné, les centres de l'économie mondiale se sont multipliés.

Une méthode, l'europe

Pour résumer, sur quelque plan que nous nous trouvions, aucun caractère d'exclusivité européenne ne se dégage. L'Europe ne peut se définir comme un ensemble délimité à la fois original et homogène. En préférant chercher autrement plutôt qu'ailleurs l'approfondissement de la propriété géographique qui était entrevue à travers l'indicateur de concentration, une perspective originale s'ouvre, aussi bonne pour l'action que pour la compréhension, transposable dans les champs politique et culturel.

« Si on retenait la création d'États sur une base ethnique, on finirait par donner raison aux Le Pen, Heider, et Jirinovski. L'Europe renoncerait aux principes sur lesquels elle s'est constituée », affirme Vaclav Havel à propos de l'ex-Yougoslavie. Que le président tchèque nous le rappelle porte même une forte charge symbolique. Mais quel est ce principe sur lequel l'Europe trouve ses bases ? La densité (par les villes proches), ajoutée à l'extraordinaire diversité, la proximité de l'autre pourraient-ils constituer l'équation européenne, recouvrant l'impossible homogénéité ? L'Europe se définirait alors, non par un indicateur simple, voire simpliste, un caractère, pas même par une relation totalisante, mais par cette tension que l'on retrouve dès l'origine du trajet intellectuel qui l'a portée et qui habite chaque individu pris entre la liberté et la contingence. Les conventions sont alors multiples, depuis la Cité jusqu'à l'État. À sa façon, Hegel évoque cette liberté et l'attache à la configuration de la terre. « En Europe, les différences physiques ne se manifestent pas de façon aussi impérieuse qu'elles le font, nous l'avons vu, en Afrique et, plus encore, en Asie. On n'y trouve pas un aussi solide noyau de haut pays. Le haut pays, en Europe, est subordonné. Le principe de la plaine diminue aussi d'influence. Le Sud et l'Ouest, en particulier, présentent plutôt une succession multiforme de vallées fermées par des montagnes et des collines. Le caractère de l'Europe, c'est donc que les différentes configurations géographiques ne s'opposent pas en antithèses aussi nettes qu'en Asie, mais qu'elles y sont plus mélangées, si bien que leurs contrastes sont éliminés, ou du moins atténués, et que leur nature est celle d'une forme de transition... L'humanité européenne apparaît donc comme plus libre parce qu'aucun principe naturel ne s'y manifeste de façon prédominante. » Les différents types de vie sont même unifiés par l'État qui n'atteint sa plénitude qu'ouvert vers la mer, projetant la vie au-delà d'elle-même. Encore qu'il subsiste un paradoxe avec cet État qui unifie en même temps qu'il divise. Mais ce n'est pas la chose qu'il faut saisir, seulement le principe. Il est politique assurément. L'europe est une méthode.

Il n'existe donc pas, au sens strict, de substance européenne. On ne peut pas dire que l'Europe c'est du christianisme ou de la raison grecque ou du droit romain, pas plus qu'elle n'est du climat tempéré comme on l'a cru, à mi-distance entre la calotte sphérique des glaces éternelles et le lieu des rayons perpendiculaires, cette poitrine au cœur de laquelle bat le monde [1]. L'Europe aurait-elle été le réceptacle de la diversité rendant possible l'accès à l'universel par le politique [2] ? Je ne peux pas envisager devoir départager l'idéologie et l'histoire. Le bout de l'Asie a bien vu se succéder des vagues de migrants qui se sont mêlées ou stratifiées et dont le produit est la diversité admise dans une forme abstraite d'organisation, une forme politique au sens le plus profond du terme, extension de l'idée grecque dans le cadre romain, lui-même rempli d'universalisme chrétien. Mais cette diversité n'est pas constituée d'unités parfaitement discrètes et, lorsque l'institution perd de sa légitimité ou simplement de sa capacité d'agir, d'autres formes de solidarité se réveillent qui détournent l'allégeance vers des identités dites naturelles ou pré-contractuelles. C'est la défaite du politique [3]. Plus encore, la diversité atteint aujourd'hui jusqu'à l'individu. Quelle autre forme sociale, plus « neutre », pourrait alors s'inscrire dans la même équation de la diversité et de la densité, de la proximité maximale de la différence ? Dans quelle forme de réduction des distances voyons-nous s'enclencher les interactions entre les fonctions sociales sans soumission à la totalité politique ? Dans la ville. L'État, la ville : est-ce concurrence ou alternative ?

Quand l'Europe a métaphoriquement la forme d'une ville, il n'est plus nécessaire de recourir aux formules

1. Onésime Reclus, *La France à vol d'oiseau*, Paris, Flammarion [s.d.].
2. Élisée Reclus, « L'Asie russe », *Nouvelle géographie universelle*, Paris, Hachette, 1882.
3. Bertrand Badie, *La fin des territoires*, *op. cit.*

géopolitiques de fédéralisme, d'union d'États ou d'empire. Le fonctionnement urbain, à lui seul, pourvoit à l'unité et délivre à chacun une identité qui n'est plus automatiquement fixée dans l'antériorité mais dans l'instant de la rencontre. C'est la relation qui place les acteurs en situation dans le contrat actuel. Et pour éviter des fonctionnements sociaux chaotiques, le politique doit redescendre dans la proximité, à l'échelle de la ville. Cela ne désigne pas une dimension mais un niveau de responsabilité et une manière de l'exercer lorsque les réseaux dominent les « territoires ». Dans l'Europe organisée de plus en plus par l'échange économique, mais pas seulement, l'espace est cohérent et hiérarchisé mais le vieux schéma du centre et des périphéries n'est plus si bien adapté. Les centres sont multipliés et dispersés, les périphéries sont intercalées et souvent très proches topographiquement des centres. C'est aussi cela la complexité européenne portée par des réseaux entrelacés dont les villes sont les nœuds aux multiples fonctions.

Mais, objectera-t-on, les villes sont partout dans le monde ? Oui. Nulle part cependant, ailleurs qu'en Europe, nous n'en trouvons qui assurent la liaison directe entre l'espace privé et l'espace public le plus ouvert. Dans les villes et les campagnes du monde comme dans les campagnes d'Europe, un filtre s'interpose toujours : le clan, la tribu, la caste, l'ethnie, la communauté – je veux rappeler à ce propos que la Bosnie dite musulmane est citadine, alors que la Bosnie serbe est rurale. Rien, de plus, n'est définitif. Par ses banlieues en cours de ghettoïsation, la ville européenne perd aussi sa propriété montrant les contradictions du cloisonnement au moment où l'information circule le plus vite. Et si les villes modernes du monde tendent à échapper aux schémas communautaires par la diffusion des thèmes architecturaux et urbanistiques européens (l'habitat dit collectif qui est le plus individuel), elles s'en ressentent toujours beaucoup. On pourra cependant argumenter que cet aspect de la modernité n'est que la face extérieure de la propriété européenne qui s'est diffusée par sa forme mais pas par sa « méthode », créant ici ou là quelques tensions dans les sociétés réceptrices (les quartiers « modernes » des villes arabes, par exemple).

Au passage, il se révèle aussi que, dans le monde fini, survivre, y compris dans son identité, c'est assumer la diversité, c'est-à-dire séparer ce qui relève de l'activité sociale et ce qui relève de l'intimité de la croyance ou du goût. C'est encore envisager le politique comme une fonction centrale de l'activité sociale, mais une fonction « laïque » puisque aussi bien les arbitrages légitimes ne peuvent que sortir de cette sphère, dans l'hypothèse de divergences poussées aux extrêmes [1]. L'Europe a bien inventé une solution, l'État moderne. Mais l'instabilité qui règne en son foyer et la guerre civile qui l'a saignée dénoncent son imperfection. C'est encore une raison pour laquelle nous ne pouvons montrer l'Europe comme un modèle à imiter. Nous ne pouvons pas dire avec Paul Valéry que l'Europe avait en soi de quoi se soumettre et de quoi régir à des fins européennes le reste du monde. L'Europe n'est pas une culture, elle n'est pas l'universalité prête à l'usage mais une modalité plus ou moins réussie de la rencontre des hommes. C'est pourquoi « sa » culture n'est pas orientée vers la reproduction du passé mais vers l'invention permanente. De ce moment, l'universalité ne réside plus dans les valeurs à défendre ou à imposer mais dans la méthode qui

1. Jean-Jacques Rousseau, *Le Contrat social*, II, 2, 1762.

rend compatibles les différences. Ce n'est pas un acquis, et jusqu'en Europe, ou depuis l'Europe, le « conservatisme » de l'identité pure, à préserver, reste très vivant.

Pour peu que l'on établisse une intention de connaissance fondée sur la relation plutôt que sur le cloisonnement, l'Europe, comme objet-modèle, n'est pas légitime, pas plus que n'importe quelle « expression géographique » dont on voudrait faire un être. C'est au contraire la propriété découverte dans l'objet de connaissance qui présente une grande efficacité à la fois sur le plan de l'action et sur celui de la compréhension du monde. La simultanéité (ce qui ne veut pas dire similitude) et la prééminence de l'instant sur la durée rendent aujourd'hui nécessaire une relation sociale adaptée, celle qui sera tendue sur les circonstances et non sur l'essence : c'est la coprésence. De telles attitudes intellectuelles ou culturelles existent déjà : elles ont été ignorées ou sont restées peu apparentes. Le nationalisme tirant vers le patriotisme et la terre ont dévalorisé l'urbanité en Europe ; le Japon dans sa réussite est envisagé comme un « être » schizophrène ; l'Amérique latine métisse est encore suspecte de ses dictatures ; l'Afrique est caricaturée en tribus et même probablement l'Inde en castes. Mais derrière ces tableaux très conventionnels, les relations entre les individus tissent des liens beaucoup plus complexes. Peut-être, après un temps d'impérialisme culturel, les Européens de l'Ouest et leurs continuateurs nord-américains pourraient-ils abandonner leurs lunettes d'ethnographe. Si le monde s'est unifié par les Européens, il faut maintenant songer à un monde qui deviendrait de l'europe, une propriété qui s'impose quand il n'est plus possible de déplacer sa tente. Dans un monde plein, l'« escapisme » n'est plus une stratégie spatiale envisageable. La renégociation permanente du

« contrat », au jour le jour, peut s'avérer nécessaire. La ville le permet et la cité mieux encore, relayées par le réseau général. Alors la contradiction de la globalisation et du fractionnement, fort à la mode aujourd'hui, s'en trouverait éteinte et les idées tirées de l'expérience finiraient par imposer leur mesure et guider l'action. La réalisation de l'idée deviendrait possible, comme à Prague sous Rodolphe II ou dans la Vienne du « monde d'hier ». Nulle part il n'était plus facile d'être un Européen [1]. C'est un vieux programme pour « philosophe roi » ou pour qui l'idée de l'humanité se trouve à la fin et non au commencement [2]. La responsabilité, de ce moment, l'emporte sur la souveraineté. Mais combien de sorciers ont fait surgir les pires maléfices de la puissante suggestion de la terre ou du ciel en prétendant y reconnaître les sources de la vie.

C'est une grande raison pour ne pas tomber dans le piège de l'enseignement édifiant. Europe, citoyenneté, des thèmes à la mode courent les programmes, les discours, les proclamations. Comme à la renaissance de la République en France, l'histoire et la géographie sont appelées à la rescousse de la preuve.

1. Stefan Zweig, *Le monde d'hier* [1944], Paris, Belfond, 1982.
2. Blandine Kriegel, *Propos sur la démocratie*, Paris, Descartes et Cie, 1994.

Variation 4

Enseigner l'Europe

« Il est institué une citoyenneté européenne. »
Traité sur l'Union européenne.

Je ne m'attarderai pas longuement sur une formule comme « enseigner l'Europe » sinon pour rappeler l'existence d'un choix d'attitude qui comprend une manière de percevoir le public en même temps qu'une conception du savoir.

Enseigner, c'est transmettre. Mais apprendre ? Être capable de restituer tout simplement ? Ou entrer dans cette familiarité que l'on appelle « connaissance », et dans cette position qualifiée d'apprentissage, la connaissance consciente et raisonnée, constitutive du savoir ? Admettons que, désormais, la formation ne se limite pas à la récitation ânonnée. Admettons que les discours politiques s'adressent à des citoyens informés (d'abord formés). Admettons aussi que nous ne prenions pas nos publics et auditeurs ou lecteurs pour des aveugles et des sourds parfaitement ignorants de leur monde. Parce que après tout, même « s'ils ne savent rien », c'est bien de leur monde que nous voulons parler, en prenant un peu de recul.

Le sens se construit au croisement de l'expérience et de l'intelligence, rendant possible l'appréhension intellectuelle des choses qui ne sont pas immédiates. Concernant l'Europe, cela signifie que des caractères, ou mieux des propriétés, peuvent remplir le nom d'un contenu dont les limites sont repérables et dont l'originalité marque l'identité. Si l'Europe est atteinte, c'est au regard d'autres situations qui ne sont pas européennes.

Identité et originalité, altérité : nous sommes bien sur la piste de l'éducation citoyenne lorsque la réflexion porte sur un concept auquel chacun de nous participe. Plus encore, en voulant amener à l'autonomie de jugement, cela signifie qu'en aucun cas la vérité du sens ne sera assénée : l'Europe, pas plus qu'aucune autre construction d'identité ne saurait être l'objet d'un catéchisme ou d'un dogme. En fait, c'est la laïcité qui se trouve entraînée dans cette attitude de construction qui, on le sent, porte aussi bien sur la relation « pédagogique » que sur la définition du savoir. Je m'en tiendrai à ce dernier aspect.

En prenant pour objectif l'autonomie de jugement, les deux manières de définir l'Europe ne sont pas également opératoires. Cela rejoint précisément un problème scientifique. Ou bien l'Europe est délimitée et nous savons la difficulté indépassable à justifier *a priori* une définition continentale, même si le recours à la géométrie variable peut donner l'illusion d'une solution : tous les critères vont dans le sens de la diversité. Mais si les acceptions de l'Europe sont multiples selon les seuils et les critères choisis, la diversité peut être, en elle-même, une propriété. Cela rend nécessaire le recours à l'autre méthode : la définition en compréhension qui place l'observateur en position de juger. Voilà qui doit former le citoyen.

L'objet géographique dont les propriétés contribuent à produire de l'unité et de la différence n'est pas d'abord un objet spatial. En tout cas, l'Europe ne se dégage comme une portion de l'espace terrestre qu'après avoir été d'abord construite comme un système historique et géographique. Cela signifie que, comme tout intermédiaire d'identité, elle est une circonstance et non une essence, elle est un objet de connaissance et non un être. Entre les deux limites de l'individu et du monde comme ce qui englobe, l'expérience de chacun s'impose en médium dans la fabrication de sens et, pour nous, la société ne peut être un simple contenant : elle est constitutive de la vie, de notre vie. À la recherche de l'Europe, nous scrutons une hypothétique société européenne et un principe d'unité qui ne soit pas extérieur comme un continent-contenant, mais interne et fondateur. Construction d'un objet de connaissance sur la base de l'expérience, définition de l'objet en compréhension et non en extension, voilà les éléments sur lesquels nous pouvons nous appuyer.

Faire l'Europe

Reprenons la formule selon laquelle être citoyen c'est faire. Les parts de l'expérience et du choix sont là mais aussi les prémices d'une idéologie du contrat. Il semble alors qu'éviter le déversement d'informations présentées comme des faits (les données) à l'intérieur d'un cadre d'étiquetage qui porterait le nom d'Europe doit être notre premier souci. La collection des indicateurs économiques, sociaux, culturels, tout comme les critères physiques habituellement récités en longues litanies ne sont pas de première utilité car la légitimité de l'objet décrit n'est pas encore établie. C'est la priorité.

Cette tâche première retourne nos habitudes. Alors qu'il est pratique, en géographie, de démarrer par un découpage justifié ensuite par l'affirmation que tous les éléments réunis vont bien ensemble, il nous faut désormais établir les liens d'abord. Alors la question-problème se formule de la manière suivante : comment et jusqu'à quel point des lieux sont-ils réunis jusqu'à n'en former qu'un, Europe, avec son nom propre, dans lequel l'homogénéité ou la ressemblance comptent moins que la réduction des distances et la coprésence. Quel principe commun d'organisation de la société dans son espace pourrait tisser ce lien que nous appellerions europe avec une minuscule et qui serait le fondement de l'Europe singulière et, au-delà, de cette forme d'universalité qui s'est déversée sur le monde par la conquête puis une acclimatation plus ou moins réussie. Ce sont les applications, à l'Europe, de la question « Y a-t-il de la distance ? ».

La question connaît déjà quelques réponses : la religion par exemple (relier en est une étymologie possible), l'histoire commune organisée autour d'une guerre civile pluri-séculaire, le mythe même, fondateur d'une identité (il n'existe pas, ailleurs, de mythologie continentale), et plus prosaïquement l'État ou la victoire du politique. Arrêtons-nous un instant à cette dernière proposition puisque l'État est à la fois module et modèle de l'organisation de l'espace des sociétés le plus couramment mobilisé. Il est même l'assiette principale de l'information servant à dessiner le tableau du monde. Lui aussi est donné. Les implications géographiques du territoire (de cette forme politique du territoire) ne sont que rarement explorées. Alors l'Europe n'est qu'une addition d'États dont la liste est plus ou moins longue. La critique de cette approche est aisée et j'y ai allégrement participé. Si nous voulons parler de l'Europe, il faut la prendre comme une totalité et non comme un assemblage. Mais ne jetons pas l'État trop vite. Ce modèle présente encore de l'utilité dans la définition d'une Europe en compréhension.

Restons au cœur civique de l'éducation géographique. L'État moderne, « westphalien », repose sur un trépied : primauté du politique, territorialité, unité. La combinaison marque le dépassement des identités à caractère ethnique ; la prise d'identité se fait par le lieu et l'arrangement politique qu'il permet. Bien sûr, cette invention a perdu un peu de son efficace au cours du XIXe siècle, lorsque le principe du droit des peuples s'est manifesté par la résurrection de « cadavres putréfiés », selon la formule de Rosa Luxemburg, et que l'impossibilité d'un découpage légitime a plongé l'Europe dans la guerre civile. C'est que le surgeon de l'Asie présente la plus grande diversité dans la plus grande proximité ; l'équation européenne de l'État n'a qu'en partie réglé cette tension. Dans ce contexte, faire l'Europe, c'est dépasser l'affrontement par l'exercice politique, l'arbitrage.

Vivre l'europe

À côté de l'État territorial, il est une autre modalité spatiale « européenne » de l'existence, qui ne relève pas du tout politique et court-circuite les possibles dérives idéologiques. C'est la ville. Dans une première approximation, nous nous dirons que la ville est partout dans le monde, comme forme, comme paysage et comme concentration démographique. Mais en Europe, la ville est plus que cela, nous l'avons vu, en même temps héritière de l'*urbs* et de la *polis*. L'Europe est ainsi faite de liens qui se tissent autour de foyers urbains successifs qui animent le mouvement.

Si l'Europe est comme une ville, on le voit, « ensei-

Figure 15. *L'Europe autour de ses centres*

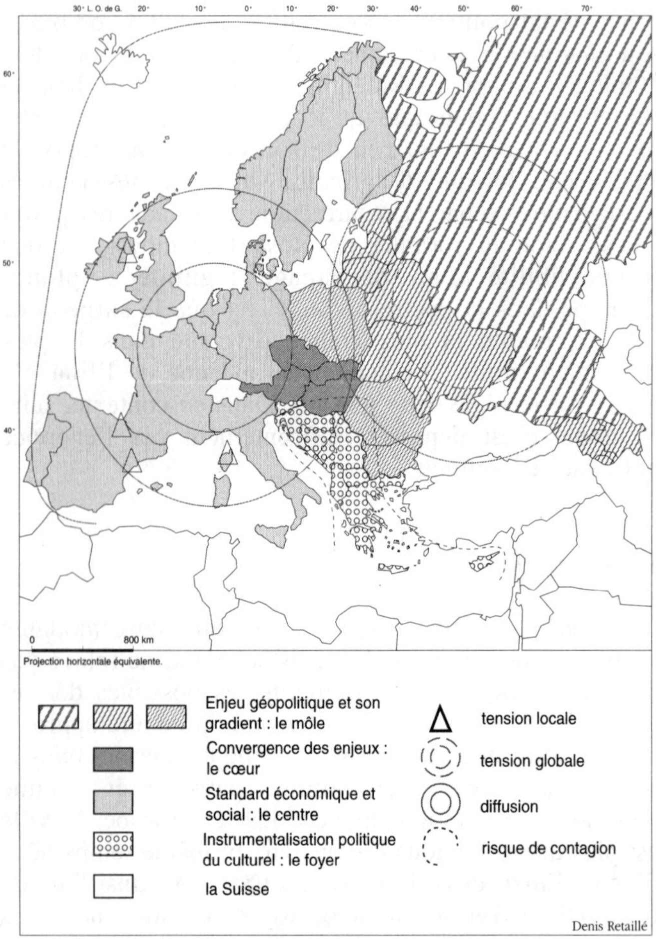

gner l'Europe » ne signifie nullement transmettre des paquets de valeurs constituées à apprendre, comme le bien, mais conduit à la découverte d'une propriété de l'existence. Et cela dépasse l'Europe conventionnelle, la démarche permettant d'entrevoir la nature de l'universalité qui n'est pas une singularité tellement supérieure qu'elle s'impose partout mais une méthode reproductible rencontrant la concurrence et la contradiction. Cette remarque semble relativiste. Ce n'est qu'une apparence. Car si l'universalité est ce qui rend possible la coexistence des différences, alors nous pouvons évaluer l'efficacité des systèmes idéels sans tomber dans le cynisme ni confondre les valeurs et les faits. Faire l'Europe, c'est entrer dans cette démarche de raison teintée d'un optimisme à la Condorcet, c'est penser qu'une entité (et une identité) est à la fin et non au commencement, riche de l'opportunité des rencontres possibles.

Si l'Europe est comme une ville, être Européen c'est obéir à quelques règles : cité, citoyenneté, civilité, urbanité, citadinité ; civilisation mais aussi histoire par Rome et sa décomposition rurale, par l'Europe des peuples paysans ancrés mais émiettés, dispersés, interpénétrés, l'Europe aux frontières floues dont les territoires s'organisent malgré tout autour de villes permanentes, parce que, en deçà de son fractionnement, subsiste un réseau de base par lequel continue de circuler l'échange. L'établissement de disciplines édifiantes comme l'histoire et la géographie s'est accompagné d'une sélection des démonstrations qui inscrivaient le mieux possible les identités dans la fondation incontestable de la nature, du paysage. Il suffit pourtant de penser à la Pologne, ses frontières baladeuses et ses occlusions parfois pour comprendre la nécessité de la cité.

La métaphore de la ville est alors fort utile. La propriété qui permet de la bâtir rend intelligibles des identités non immédiatement visibles et qui ne se définissent pas par une limite. Par la ville, l'Europe peut être perçue comme un mode d'existence spatial et social fondé sur l'itinéraire ouvert. Sans exagérer, on peut dire que c'est alors une culture (l'européanité), une pensée de la différence. Cela fait débat. Il n'est que de rappeler la similitude qui rapproche les politiques de la ville des politiques européennes. Les modèles le montrent : centre-périphérie et auréoles concentriques réglés par la distance et son prix (une Europe comme zone de libre-échange) ; secteurs et complémentarité fonctionnelle (le zonage en régions de dimension continentale et relativement spécialisées) ; assemblage de noyaux d'identité (l'Europe des nations). Il existe plusieurs manières de faire l'Europe comme il existe plusieurs manières de faire la ville ; l'identité résulte de choix. N'est-ce pas le rôle d'une éducation citoyenne de rendre ces choix explicites et non dogmatiques.

Mais la métaphore de la ville oppose une ultime difficulté dans l'exercice géographique : l'échelle. L'emboîtement des échelles a constitué un progrès, orienté de multiples travaux, obligeant la prise en compte des aspects non spatiaux des objets traités. La méthode s'est pourtant vite épuisée : la relation entre le petit et le grand ou à l'inverse entre le grand et le petit ne peut pas être un assemblage-découpage d'espaces contigus. Chaque unité est créée par la combinaison singulière de phénomènes aux dimensions variées et aux géométries différentes. Or la réduction de la question de l'échelle à un emboîtement laisse croire à l'uniformité des inscriptions spatiales : des surfaces, une topographie. Et je crois que cela a conduit à des réductions du type culture-aire culturelle, politique-territoire, économie-pays. La ville, pour y revenir, n'est pas la réduction topographique de rhizomes culturels, d'un territoire politique et de réseaux économiques. Elle en est la conjonction localisée, le lieu pour tout dire. L'Europe est-elle une circonstance, comme une ville, comme un lieu ?

L'Europe, un modèle

La boucle se referme. Une définition en compréhension de l'Europe qui perd le statut ontologique d'être géographique (et change d'orthographe : europe), permet l'établissement d'un modèle, non pas au sens historique (le modèle serait unique, représentation et même norme) mais au sens méthodologique : l'europe est une manière de comprendre et de gérer la diversité dans la proximité comme la ville, comme l'État territorial ; l'europe est un mode d'existence social et spatial. Alors l'Europe est tantôt de la ville et tantôt un champ géopolitique interétatique. Et l'apprentissage de l'Europe (l'europe) devient l'apprentissage d'une attitude et non d'une chose. C'est de l'éducation civique qui ne peut plus jouer de faux-semblants, prétendre, par exemple, à la naturalité de l'Europe, à sa nécessité ontologique. Ainsi s'évitent dogmatisme et téléologie ; ainsi s'affirme une volonté libre, une volonté politique. Une science peut devenir politique ; l'inverse n'est pas souhaitable. Quand une politique devient science (ou discipline scolaire), il n'est plus de citoyenneté possible.

Si l'Europe n'est pas une chose, un morceau de terre d'ailleurs impossible à délimiter, une civilisation très métisse, ne faut-il pas l'aborder autrement ? Ou bien l'Europe est un objet éloigné, mesuré, abstrait et l'asséner la rend encore plus inerte, idéologique, noire ou blanche selon les partis. Ou bien l'Europe est là, vécue tous les jours dans les contradictions multiples de souverainetés de plus en plus mal définies ou emmêlées. Alors le citoyen doit avoir prise sur cette institution par-dessus les jeux des autorités intermédiaires qui opacifient le théâtre politique. Enseigner l'Europe, finalement, la formule fait frémir. C'est d'éducation citoyenne qu'il faut parler et il n'est pas pensable d'affirmer : « C'est le citoyen européen que je forme ; c'est au citoyen européen que je m'adresse. » Non c'est au citoyen tout court, qui, affronté aux réalités, doit pouvoir atteindre l'autonomie du jugement. Inutile, voire impossible de déverser l'évidence de l'unité européenne par je ne sais quel jeu d'indicateurs plus ou moins manipulés. En l'état actuel de la construction institutionnelle, devant les incertitudes de la paix, observant la proclamation d'autres universalismes, l'américain aussi bien que l'islamique, c'est la méthode européenne de traitement de la différence qu'il faut observer. Et la guerre fut bien fréquente si, dans les principes, le politique et les idées généreuses et réalistes à la fois guident les discours des « européens », de Podiebrad à Monnet [1]. Traiter la différence ? C'est en fait régler la distance. L'éducation citoyenne à l'Europe ne serait-elle pas l'approche d'un problème, celui de la proximité, et non l'apprentissage d'une solution définitive ? La question s'élargit bien au monde. Le raccourcissement des distances dont on parle tant, la mondialisation jamais clairement définie, sont des problèmes un peu identiques. Il n'y a pas de solution dans le passé et ses leçons, toute l'histoire de l'Europe a développé cette preuve, d'autant moins qu'à la dimension de la terre, des histoires différentes se rencontrent, toutes aussi particulières. Valéry l'avait déjà dit et Kant avant lui. Il faudra bien finir par répondre à la question première. Qu'est-ce

1. Jean-Pierre Faye, *L'Europe une. Les philosophes et l'Europe*, Paris, Gallimard, 1992.

que le monde ? Des régions mondiales ajoutées à des régions mondiales en contiguïté ? Cela ne me semble plus soutenable, même si les tableaux dressés sont toujours de ce style.

Chapitre 5

Les découpages du monde *

> « Ah ! Combien les hommes accusent les dieux ! Ils disent que leurs maux viennent de nous, et, seuls, ils aggravent leur destinée par leur démence. »
>
> Zeus par Homère, *L'Odyssée*, Chant 1.
> Trad. Leconte de Lisle.

La conscience du monde est dépendante de la capacité à regarder au-delà de l'horizon. À défaut de l'expérience du tour et de la confrontation directe avec la diversité du monde, c'est par l'apprentissage scolaire toujours, relayé par les médias, que sont fixées comme stéréotypes quelques situations mondiales exemplaires, en faible nombre, mais d'usage très étendu. Les sujets varient selon les époques et les cadres de la démonstration, c'est-à-dire selon les besoins d'une mobilisation politique démissionnaire (démocratie de délégation par matraquage d'actualités de plus en plus rapides et tournantes). Quels qu'ils soient, les bases géographiques sont toujours mises en avant, pour des raisons

* Ce chapitre est adapté d'un article, « Rendre le monde intelligible (2) », *L'Information géographique*, 3, 1996.

de naturalité déjà montrées. Le Nord, le Sud, l'Occident, l'Est, l'Asie, l'Aire Pacifique, l'Afrique, le Monde Arabe sont les grands acteurs du monde parmi quelques autres, portant chacun l'étendard d'une position : le pauvre prolifique, la fourmi laborieuse et frugale, la brute épaisse, la grandeur candide mais lucide, etc., les rôles imaginés et mis en scène selon l'illusion de la coprésence quand, pour chacun, nous ne sommes encore qu'à la coexistence.

Quelques grandes cartes très courantes dans les manuels scolaires et régulièrement publiées dans la presse délivrent au public des images du monde bien claires et simples : les riches-les pauvres, les puissants-les faibles, les voyageurs-les sédentaires, les éduqués et les ignorants, etc., qui viennent se loger dans les découpages géographiques préétablis selon le principe de la totalité par le territoire. Pourtant, tous les phénomènes uniformément cartographiés ne se ramènent pas également à la surface : tout n'est pas surface ; tout n'est pas comptabilisable dans des unités arithmétiques. Le politique, le culturel et l'économique ne ressortissent pas d'une seule métrique. Et même s'il est admis que la position économique définit la majeure de chaque ensemble spatial, il reste à montrer les articulations des différents secteurs de l'activité sociale et leur fusion dans une forme prééminente. L'État le permet. Il est d'abord posé comme assiette de toutes les analyses, puisqu'il est indifféremment pris comme objet géographique et comme facteur d'organisation de l'espace. Les ensembles mondiaux ne sauraient être alors que des sommes d'États contigus. Mais si la commodité d'identifier les sociétés et leur situation sur cette base est indéniable, une place doit subsister pour les phénomènes qui traversent les frontières. En effet, l'habitude est acquise d'insister beaucoup plus sur les divisions que sur les liaisons pour aboutir à la présentation d'ensembles consolidés dont, ensuite, on observera les échanges. La commodité s'étend jusqu'à l'illusion de l'universalité du modèle familier qui ramène la diversité des organisations sociales à une seule forme que l'on comprend pour la vivre. Toute déviation par rapport au modèle sera, selon cette illusion, considérée comme une perversion (tout ce qui est appelé corruption ici et qui peut relever d'autres institutions sociales incomprises) ou comme agressivité illégale (l'irrespect des règles internationales par les terrorismes d'État). C'est une approche très réductrice, tributaire d'un paradigme de la guerre, dont le nettoyage est nécessaire. Évitons sa reproduction dans une géopolitisation des cultures ou des économies. Nous verrons plus loin comment le concept de puissance s'en trouve transformé.

Une carte politique

On n'imagine pas une terre des hommes qui ne soit pas politiquement organisée ; on n'imagine pas que sa base échappe à la trame des États. Géographiquement, cela se traduit par des implications de grande importance qu'il n'est malheureusement pas possible de développer ici [1]. Rappelons que le territoire étatique est fondé sur deux propriétés : l'exclusivité, par la fiction de la souveraineté totale et les mécanismes d'allégeance prioritaire ; l'exhaustivité, par la réunion territoriale de tout ce qui relève de la compétence « nationale ». La frontière est une ligne parfaite, sans ambiguïté, jouant le rôle de disjoncteur spatial. Mais si cette organisation est for-

1. Denis Retaillé, « L'État dans l'enseignement de la géographie », *L'Information géographique*, 1, 1994.

Figure 16. *Les régions mondiales de l'ONU*

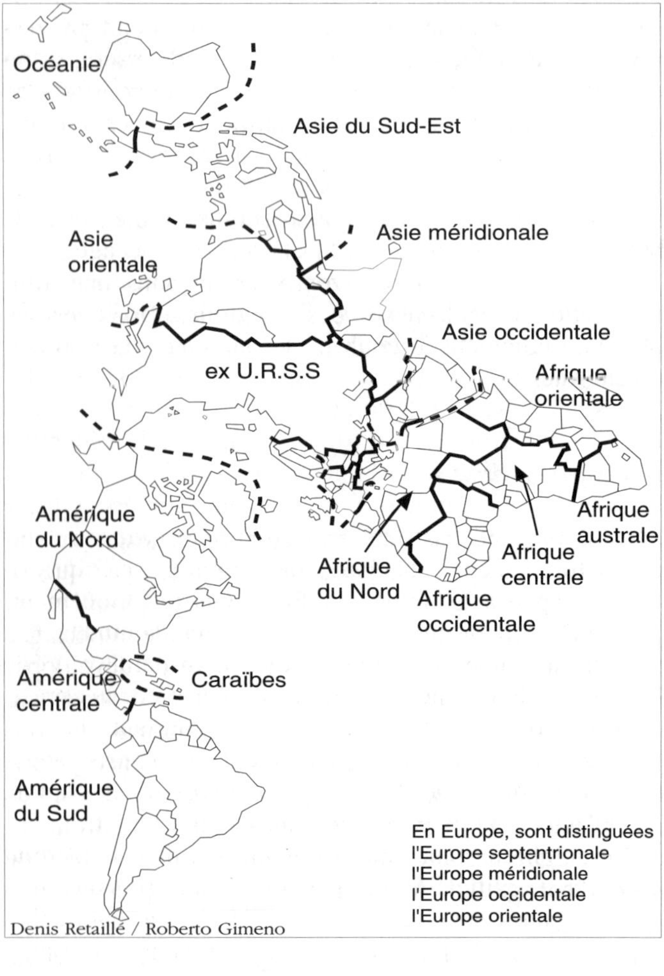

mellement universelle, les contenus en sont infiniment variés. Et la nature même du territoire est touchée. Il n'y a pas grand-chose de commun, au fond, entre le territoire français et la manière dont la nation identifie le pays, et cette même relation chez des voisins pourtant très proches, britanniques ou allemands. *A fortiori*, les écarts sont-ils très marqués par les plus grandes distances culturelles ? Seules les apparences permettent de lever une carte couvrant le monde sur ce plan unique et lisse. Il ne faudrait pas négliger de le montrer.

Ces remarques prennent un peu plus de sens encore, lorsqu'on s'efforce d'identifier des assemblages : de l'alliance stratégique à l'union douanière ou à l'institution politique supranationale, les régions mondiales sont de styles tellement différents qu'il est difficile d'obtenir un tableau d'unités parfaitement contiguës. Où sont les lignes de clivage ? Sont-elles des barrières verticales comme des frontières d'État ? L'impossible réduction trouve sa solution dans la géopolitique, c'est-à-dire que les critères stratégiques ultimes sont préférés à toute autre mesure. C'est une manière de placer en avant les alliances en les faisant ressembler à l'allégeance prioritaire. C'est aussi la logique des blocs qui étouffe les possibles concurrences internes en les soumettant à l'injonction que fait naître le danger de disparaître. Voilà encore une approche fondée sur la guerre et plus précisément la perception du feu nucléaire. Pourtant, d'autres mobiles que la relation interétatique bien comprise apparaissent à travers les actuelles tentatives d'association. Les plans culturels et économiques y interfèrent.

De nombreuses situations complexes, dont il faudrait éviter la simplification par géopolitisation, se trouvent à quelques-unes des grandes lignes de clivage habituellement retenues. Entre développement et sous-développement, la frontière américano-mexicaine n'a plus beaucoup de sens. L'hispanisation du Sud des États-Unis, les *maquiladoras*, l'ALENA font du Mexique tout entier une zone frontière dont les effets débordent largement au nord jusqu'au cœur des grandes métropoles. Et les États-Unis eux-mêmes ne sont pas dans cette situation simple de puissance d'organisation. C'est plutôt le monde en réduction qui se trouve concentré chez eux, dans une articulation qui se retrouve jusqu'aux échelles les plus fines. Ailleurs et pourtant franchement géopolitiques, les limites orientales de l'Europe conventionnelle ont aussi des tracés incertains. Les anciennes catégories Russie d'Europe-Russie d'Asie ou bloc occidental-bloc soviétique ne sont plus d'aucune utilité, la Russie formant la frontière de l'Europe sur toute l'épaisseur de son territoire et l'emmenant jusqu'aux rivages du Pacifique comme elle amène l'Asie jusqu'aux cœurs européens. Le long de clivages plutôt culturels enfin, la même indécision se découvre, entre islam et hindouisme, par exemple. La frontière séparant l'Inde du Pakistan constitue une simplification abusive : peut-être l'Inde forme-t-elle à elle seule une civilisation, une nation et un État, comme cela s'écrit parfois [1], mais il faut encore prendre en compte les 100 millions de musulmans qui y résident, ne pas oublier que les héritages d'unité politique sont le fait des périodes musulmanes de pouvoir, etc. Le Pakistan, musulman, appartient, lui aussi, au même fonds de civilisation que l'islam a recouvert. Il n'est pas facile, cependant, de le loger dans un ensemble politique islamique surtout par ses activités afghanes actuelles (à l'intérieur, l'islamisme montant, à l'extérieur, la lutte à mort contre les islamistes de Kaboul pour la transformation du voisin en une annexe pachtoune par la confu-

1. « L'Inde et la question nationale », *Hérodote*, 71, 1993.

sion entretenue de l'islam et du mouvement des Talibans). À peu près partout dans le monde, les grandes lignes de partage prennent cette allure d'interface après que seul l'environnement spécifique de la guerre froide a rendu pertinente la simplification. Mais le modèle ne convient plus. De part et d'autre des frontières se cristallisent des mobilisations sur les bases apparemment « pures » de l'idéologie nationale (l'exclusivité et l'exhaustivité très caractéristiques d'un monde d'États) sans pour autant signifier stabilité et encore moins arrêt. La carte des ensembles géopolitiques ne sera donc pas facile à établir si l'on veut éviter la caricature. Il sera utile de repérer les guerres et les tensions, où il apparaîtra qu'il s'agit rarement de prédation pas plus qu'il ne s'agit de tentative d'élimination totale de la nation voisine qui est toujours la plus gênante, mais de conflits infra-étatiques en même temps que souvent transétatiques, plaçant la culture au premier plan du politique [1]. La carte des « civilisations » complétant la carte géopolitique n'est donc plus une seconde couverture du monde, ajoutée par souci d'exhaustivité. Elle est un problème à traiter avec tout le soin que les mobilisations fondamentalistes imposent à l'analyse ; elle est l'occasion de tester les régionalisations issues des premiers tableaux géopolitiques.

Une carte des civilisations

Méfiance et rigueur. Voilà l'exercice le plus scabreux qui donne naissance à des développements très légers.

1. Pierre-Robert Baduel, « Les territoires d'État, entre imposition et subversion : exemples saharo-sahéliens », dans Bertrand Badie et Marie-Claude Smouts, « L'international sans territoire », *Cultures et Conflits*, 21-22, 1996.

Une civilisation et encore moins une culture ne sont des aires. Le territoire n'est pas leur forme extérieure, même si l'habitude a été prise de comptabiliser sectateurs ou locuteurs à l'unité de surface pour tracer des limites qui n'ont pas de sens. La culture ou la civilisation ne deviennent des entités géographiques que par l'intermédiaire de constructions territoriales qui peuvent en appeler de ce fondement mais qui ont le pouvoir et le contrôle pour finalité : instrumentalisation de la culture, dit-on alors. C'est le cœur du problème de la conscience holiste. Comment se fait le passage de l'expérience individuelle à l'identité d'un groupe en dehors de l'exercice du pouvoir ou de sa reconnaissance ?

La première limite, méthodologique, porte donc sur l'idée même d'établir une carte des civilisations et des cultures (figure 17). Laquelle en effet ? Localisation de locuteurs ou de sectateurs, localisation des œuvres (paysages construits), délimitation des expressions politiques et territoriales dont le noyau est culturel ? Toute cartographie de civilisation ne peut s'établir que par détour, voire par abus lorsqu'elle aboutit au dessin de circonscriptions, enserrées à l'intérieur de frontières. Ce ne devrait être qu'une carte de diffusion en progression ou en régression, une carte en gradients autour de pôles émetteurs de valeurs et de modèles. Mais l'aire couverte par la diffusion d'une culture ou d'une civilisation n'est jamais homogène. Son centre n'est pas non plus unique, des relais existent à partir desquels des variantes voient le jour. Et il est bien difficile de décider quel niveau de généralité est acceptable pour préserver l'unité interne et autoriser en même temps la jonction avec les autres sur un plan à peu près commun ; il est bien difficile de choisir le thème de discrimination. La « religion » est une forte simplification et ne couvre pas l'intégralité des système idéels : la Chine, l'Inde et l'Afrique y échappent en partie (trois cinquièmes de l'humanité !) ; elle ne fournit pas non plus un bon résumé : la position turque illustre bien cette difficulté et les tiraillements qui rendent délicat le choix d'affectation. Il ne faut pas croire que ce soit exceptionnel.

Admettons que ces premiers obstacles soient dépassés. Dans un livre maintenant daté, le choix avait porté sur les systèmes idéels pour intégrer des critères variés [1]. De plus, en pensant dynamique et réseau, même pour une carte en plages, un classement en systèmes conquérants et stabilisés permettait de faire entrer deux comportements géographiques discriminants. Malgré ces précautions de construction, la carte ne peut être utilisée qu'avec une très grande prudence.

Comme on le voit, le système islamique n'est pas représenté de la même manière que les autres. Le cerne permet de visualiser les recouvrements. En bonne logique, le système européen, conquérant lui aussi, aurait dû figurer selon un principe identique. Mais c'est le monde entier qu'il aurait fallu cerner : par les modèles politique et économique, et ce que l'on a l'habitude de placer avec la modernité, l'Europe et ses relais sont présents partout, produisant de l'universel pour les autres. Cette carte n'est pas possible car elle ne montre pas de différence (pas de géographie) ou devient une carte de l'européanisation du monde. Il faudrait alors penser à une carte de l'islamisation du monde, tout aussi légitime malgré les réticences, une carte de l'américanisation, de la japonisation, etc., et tenter de tirer d'une pareille collection la couleur de chaque cocktail local.

L'autre biais cartographique de ce type de travail est

---

1. Marie-Françoise Durand, Jacques Lévy, Denis Retaillé, *Le monde : espaces et systèmes*, Presses de Sciences Po et Dalloz, coll. « Amphithéâtre », 2e éd., 1993.

Figure 17. *Les systèmes idéels*
(carte extraite du livre Le monde, espaces et systèmes*)*

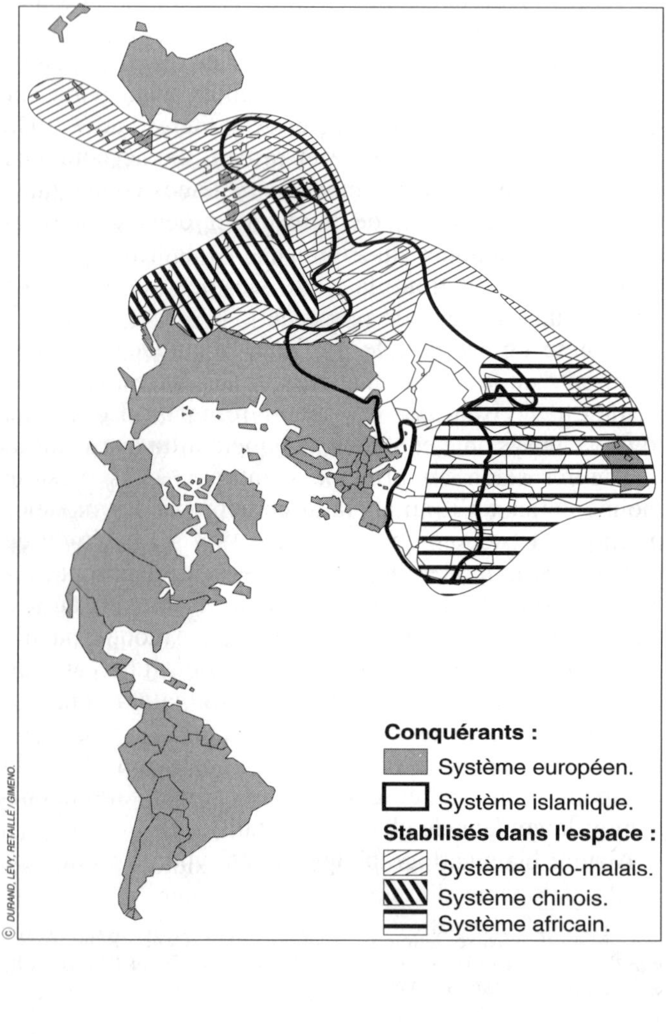

sa géopolitisation. Sur la carte, seul l'islam est en contact aréolaire avec toutes les cultures représentées en surfaces. On pourrait en déduire que le cerne, dans ses déformations, montre des axes de pénétration et que sa dynamique explique conflits d'aujourd'hui et de demain. Mais, encore une fois, la culture la plus diffuse dans le monde, à la fois projetée et transparente, est européenne, comme simple conséquence de la colonisation d'abord, comme effet des fonctionnements réticulés de l'économie mondiale ensuite. Arguer de la figure cartographique pour donner une position (l'islam comme diaphragme du monde) ou démontrer une menace, est abusif.

Pourquoi tant de limites ? C'est qu'il est impossible de reconnaître un type unique de lien entre la culture et la surface terrestre, un peu comme il est impossible de réduire l'historicité des diverses sociétés du monde à une seule chaîne d'événements et comme il est impossible de loger dans le temps linéaire des « histoires » qui ne sont pas structurées sur cet axe (Inde, Afrique). Il en va de même pour la surface et le territoire : les géographicités sont diverses. Pour débuter une géographie des cultures, il faut donc montrer ce que sont leurs conceptions du monde. Il ne s'agit pas de cette mystification qui a consisté, un temps, à représenter des planisphères Mercator en prenant pour centre la Chine ou l'Amérique, ou l'Europe, etc., pour titrer ensuite « le monde vu de... ». Ce n'était jamais qu'une unique représentation. Très vite, disons que le monde américain est fait d'océans, le monde chinois de carrés emboîtés, le monde « musulman » de secteurs centrés, alors que le monde vu d'Afrique est une galaxie et le monde indien, un modèle toujours capable d'assimiler la nouveauté. Circulation, hiérarchie, polarisation, discontinuité, atopie en sont les principes respectifs. Autant dire que la rencontre de ces schémas avec le modèle européen d'un univers terraqué et zoné a produit quelques conformations bizarres qu'il serait bon d'entrevoir plutôt que de tout traiter en territoires d'États et en régions mondiales assemblées. Pour parler du monde, et singulièrement dans une réflexion consacrée aux civilisations et aux cultures, il est pensable de laisser une petite place à ces cultures et à leur monde. Cela n'entamera pas trop les schémas bien établis mais permettra quelques ouvertures qui ne sont pas à négliger.

Pourtant, il est difficile d'aller contre l'idée que la relation sociétale qui gouverne le monde est désormais marchande. C'est une autre simplification qui bénéficie d'un corpus théorique et scientifique abondant et surtout d'un relais idéologique efficace ; c'est l'exemple le plus achevé d'une pratique devenue scientifique (qui en a l'aspect en tout cas) et qui fait retour vers le politique en s'y substituant.

Une carte de l'économie mondiale

C'est à quoi conduit la présentation territorialisée des inégalités de développement, de richesse et de puissance. À la suite d'un tableau géographique des civilisations, cette carte arrive comme la confirmation qu'un modèle culturel s'est imposé et en même temps sa géographie. La polarisation économique et le traitement des situations selon des critères d'ici donnent la primauté à une lecture très orientée (occidentée ?) : il faut en tirer les conséquences. La présentation d'une organisation géo-économique du monde suppose que l'on aura passé quelques moments à définir l'économie mondiale. Au plus simple, nous pouvons retenir que c'est l'ensemble des activités de production et de consommation humaines à la surface de la planète, mais une bonne part échappe à toute comptabilité. Plus souvent, nous en ferons la somme des économies nationales, quitte à laisser une place importante à l'échange et aux flux. L'économie mondiale est pourtant plus que cela et ne se manifeste pas seulement par cette polarisation dont on fait grand cas. Encore une fois, nous éprouvons quelques difficultés à nous débarrasser de paradigmes qui ont beaucoup et très vite vieilli. Quelques années ont suffi à presque invalider non seulement ce qui s'était construit par le concept de sous-développement mais plus généralement la territorialisation de l'économie. Et pourtant tous les comptes, toutes les évaluations, toutes les stratégies sont encore localisés. De deux choses l'une. Ou bien l'espace mondial de l'économie est transparent, parfaitement homogène et indifférent, alors la localisation n'est plus un critère d'évaluation ni d'action. Ou bien la localisation n'est pas indifférente, il existe une variation d'efficacité selon les lieux et selon les formules d'évaluation, alors les discours sur la globalisation et l'unification mondiale sont pure idéologie et masquent un transfert de pouvoir vers tous ceux qui disposent de l'information globale et sont capables de maîtriser, voire de jouer des différences maintenues. Les contradictions internes sont vertigineuses.

Les nouveaux pôles ne sont pas de nature territoriale ; ils sont très fugaces, immatériels et impersonnels, au point qu'il est difficile d'en faire la géographie. Ce sont souvent des coagulations momentanées qui découplent l'espace et le temps et il n'y a plus, à la limite, qu'un hyper-lieu, c'est le monde lui-même. Ses acteurs sont d'un côté des personnes physiques et sociales mais d'un autre des robots comptables du court terme, irresponsables devant la société et redevables d'efficacité dans les termes d'un contrat très limité, financier. Les activités banales que nous pouvons matérialiser s'en trouvent bousculées et pourtant s'embrayent tant bien que mal.

Qu'est-ce alors que cette carte économique ? Probablement une carte des « positions », différentes des cartes comptables qui n'ont plus beaucoup de sens. Il est de moins en moins envisageable d'élaborer des synthèses correctes d'indicateurs aussi dispersés que les niveaux d'alimentation, la durée de la scolarité, le PIB, la distribution de la population active, etc., c'est-à-dire des cartes descriptives de situations : les modes de fonctionnement des sociétés sont plus fondamentaux. En fait, à l'intérieur d'un système global, les positions manifestent des options que la théorie de la régulation a pu montrer [1]. En effet, derrière une façade appelée marché, le système capitaliste de développement présente des allures variées et des évolutions qui ne sont jamais linéaires. On se rappelle la distinction établie par Michel Albert entre capitalisme rhénan et capitalisme anglo-saxon [2]. On pourrait y ajouter le capitalisme à la mode confucéenne de Singapour ou de Chine, le capitalisme mafieux des anciens cadres soviétiques reconvertis, les réseaux commerciaux des sectes musulmanes, etc. Ce sont autant des styles économiques entraînant des effets sociétaux ou s'appuyant sur des relations assez étrangères au pur modèle marchand. Les indicateurs économiques classiques sont au moins inadaptés à la représentation de la société, au pis parfaitement illusoires.

Ces formes sociales ne sont pas simplifiées par la fiction des économies nationales. Ce sont les sociétés face à l'économie mondiale qu'il faut envisager et pourquoi pas, si l'on veut, les sociétés encadrées par l'État. Mais ce qu'il faut mesurer, c'est la capacité des sociétés ou

1. Robert Boyer, Yves Saillard, *La théorie régulationniste*, Paris, La Découverte, 1995.

2. Michel Albert, *Capitalisme contre capitalisme*, Paris, Le Seuil, 1991.

des groupes à échapper aux déterminismes locaux par soumission aux facteurs externes (l'avantage comparatif de Ricardo) et à se placer dans les circuits mondiaux, comme le judoka utilise la force de son adversaire à son profit en inversant les vecteurs d'équilibre. Quel est alors le rôle de l'État, sa compétence ? Qui sont les autres acteurs ? Comment et pour quel compte interviennent-ils ? Cela conduit à développer l'idée de responsabilité et d'équité [1]. Le futur citoyen du monde peut en tirer profit.

Image de plus en plus présente bien que de moins en moins adaptée, la régionalisation du monde se prépare par l'observation des organisations économiques. Les pôles et les flux animant l'économie mondiale mettent la « triade » en évidence, et des ensembles qui découlent des proximités géographiques et historiques. Mais si la structuration de l'espace économique mondial, vue aussi bien à travers les accords de libre-échange qu'à travers la réalité des exportations-importations (les commerces intra-zones), s'établit selon ce schéma « continental », elle est loin d'entraîner l'intégration régionale que l'on a coutume d'y associer. En clair, le politique ne suit pas l'économique. C'est en Asie que la perspective d'une fusion des champs économiques, politiques et culturels est la plus éloignée [2]. Quand le Japon ressemble à un pôle d'animation des affaires pour l'ensemble régional, d'ailleurs largement relayé par de nouveaux concurrents, il n'a rien d'un centre politique, au contraire. Et lorsque les Chinois de la diaspora ou de Taïwan sont présents partout en Asie du Sud-Est, ils traînent avec eux une

1. John Rawls, *Théorie de la justice* [1971], trad. française, Paris, Le Seuil, 1986.

2. Philippe Delmas, *Le bel avenir de la guerre*, Paris, Gallimard, 1995.

image redoutée qui a l'épaisseur de la Chine continentale. De la même manière, en Europe, l'élargissement de l'Union est un thème qui porte surtout sur la matière économique, débat technique qui oblitère l'objectif politique : les membres actifs de l'Union ne sont d'accord ni sur les rythmes, ni sur les directions et ne s'interrogent même plus sur le principe. Il n'est que d'entendre s'élever les voix françaises lorsque parviennent des propositions allemandes qui ont au moins le mérite d'exister ou la réaffirmation de l'exceptionnalité britannique parallèlement à la demande d'une prise en charge communautaire des catastrophes résultant d'un choix national de déréglementation. L'Union économique, même avancée, un partenariat déjà éprouvé ne produisent pas simplement un ensemble cohérent. Et il est assez piquant, pour clore ce petit tour d'exemples, d'entendre ou de lire, en février 1996, que pour la première fois l'Europe rencontre l'Asie [1] ! Que veulent dire les mots ?

Il y a danger, à mon avis, à présenter les zones d'échange comme des entités géographiques totales, organisées autour de leur pôle, approchant la qualité du territoire et se préparant à un affrontement planétaire entre puissances multipliées. La lutte à la vie à la mort ne serait plus alors idéologique et stratégique mais économique et sociale, avec un arrière-plan de guerre des civilisations. Le retour du concept de puissance dans le prolongement de cette présentation du monde est un véritable dérapage. On ne peut bricoler les concepts d'hier pour cerner des situations qui n'ont plus rien à voir avec celles qui les ont fait naître, prendre des ententes douanières pour des alliances militaires, etc.

---

1. Conférence euro-asiatique de Bangkok, 1er et 2 mars 1996.

Les puissances

C'était en 1905. Une révision des programmes de l'enseignement français de géographie introduisait la discipline dans les classes terminales autour du thème des « principales puissances économiques du monde ». C'était en 1995. Une révision des programmes de géographie des classes terminales s'efforçait de contribuer à la formation intellectuelle et civique des élèves qui doivent comprendre le monde d'aujourd'hui afin de pouvoir s'y situer. Les trois puissances mondiales et les zones qu'elles polarisent seraient donc étudiées. Chiffres mis à jour, on l'imagine, liste des puissances également, c'est le moins. Mais d'évolution du concept, point. Rien n'a changé... sauf le monde. On l'a compris, le schéma date de l'époque du *command power*, quand les forces se comptaient clairement dans la prévision de l'affrontement total. Ce sont aussi les bonnes formules de Mackinder : « Qui commande l'Europe de l'Est commande le *Heartland* ; qui commande le *Heartland* commande l'île-monde ; qui commande l'île-monde commande le monde [1]. » Deux perspectives sont donc privilégiées : la position au sens ancien du terme (la place sur la terre par rapport aux adversaires ou aux concurrents possibles) et les ressources du territoire. Ces éléments de doctrine sont totalement dépassés, laissant croire que la mobilisation des ressources locales fait la puissance alors qu'on sait bien, aujourd'hui, que les meilleures positions possibles sont celles qui assurent la liaison avec le maximum de complémentarité dans la plus grande diversité. La puissance n'a plus du tout la même nature. Lorsque le mot est encore utilisé, c'est pour désigner le *cooptive*

---

1. Halford J. Mackinder, *Democratic Ideals and Reality : A Study in the Politics of Reconstruction*, Londres, Constable, 1919.

power, la faculté d'intéresser l'autre à son choix (une manière de persuader), de le rendre solidaire, par l'exercice légitime du *leadership*. Aucun mot français ne convient parfaitement dans la restitution de ces notions. C'est peut-être significatif d'une incapacité à saisir les situations nouvelles qui se sont créées (ou bien nous conservons le vocabulaire de la puissance classique et de la dissuasion ou bien nous inventons le vocabulaire de l'humanitaire !). Bref, les évaluations géopolitiques et géo-économiques de la puissance sont mal adaptées et il conviendra de noter le découplage des différents secteurs. Les États ne sont plus ces acteurs globaux indistinctement appréhendables par leur économie dite « nationale », ou leur politique, ou encore l'idéologie qu'ils véhiculent ou défendent. Corollairement, la puissance est de moins en moins physique et même de moins en moins matérielle. C'est l'idée d'une séparation du sens et de la puissance [1]. Dans un contexte mondial en grand bouleversement, il semble hasardeux de choisir la valeur sûre ou plus exactement ce que l'on sait déjà faire pour l'avoir longtemps rabâché. Je vois mal d'ailleurs comment s'articulent aujourd'hui les trois relations soulignées par cette approche : population-territoire ; activités-territoire ; puissance régionale-puissance mondiale. Ne seraient-ce pas de simples descriptions superposées ?

Critiquons le modèle de la puissance, notons le découplage des secteurs de l'activité « internationale » et l'incapacité des États, de tout État, y compris les États-Unis, à promulguer l'unité des acteurs « nationaux » dans la mobilisation. Qu'on y songe, les investissements croisés, la mobilité ou même la volatilité des facteurs, la dé-territorialisation des vecteurs de ce que l'on pourrait

---

1. Zaki Laïdi, *L'ordre mondial relâché*, Presses de Sciences Po, coll. « Références académiques », 2e éd., 1994.

encore appeler la puissance (la *potentia*, la capacité de faire) retirent ses fondements à la géographie topographique. Le changement d'échelle n'apporte rien. En fait, le monde est tellement complexe qu'il n'est plus réellement possible de le découper en morceaux régionaux plus ou moins vastes autour d'un pays central. C'est tout le paradigme de la géographie qu'il faut réviser pour dresser ce tableau et pas seulement remplacer l'URSS puis la Russie par l'Allemagne pour tenir le continent européen. Malgré l'apparente liberté dans la définition des problèmes, vouloir traiter les États pour mener à bien une analyse du monde représente une contrainte de plus en plus limitante. À moins de l'envisager autrement, lui aussi comme un problème et non comme une chose dont on décrit les contours et les contenus.

Première idée : l'État est un modèle d'organisation dont la pertinence varie dans le temps et dans le monde. Toutes les sociétés ne sont pas parfaitement cernées par cette fiction juridique de la souveraineté totale ; les mieux installées voient même s'effilocher les termes du contrat hobbesien. Deuxième idée : l'État est aussi un acteur géographique parmi d'autres et non un cadre désincarné qui serait rempli de ressources, d'hommes, de villes... Comme modèle d'organisation, nous devons l'évaluer dans sa capacité à réaliser l'unité géographique par des forces de cohésion supérieures aux forces de dispersion ; comme acteur, nous examinons par quelles fonctions ou quelles opérations géographiques il réalise cette unité. Mais, par souci de validation, il nous revient de traiter sur un pied d'égalité les autres modèles d'organisation en cherchant comment ils peuvent se combiner avec celui du découpage territorial, interférer ou même dominer.

Là où il est accompli au point de s'ouvrir à d'autres formes de jeux d'acteurs, aussi bien que là où il n'est qu'instrument du pouvoir d'un groupe, l'État n'est pas cet objet total, à la frontière étanche et régulant toutes les activités intérieures de la même manière qu'il s'interpose dans les échanges extérieurs. Les influences et les positions internationales ne sont pas celles de l'État mais d'individus ou d'organisations domiciliés. C'est la raison pour laquelle la puissance ne peut pas se définir ni se comptabiliser par des ressources matérielles ficelées en paquet. Mais comme acteur parmi d'autres, l'État peut mener une politique dont nous devons examiner les contraintes et les implications spatiales.

Il subsiste cependant des modes strictement géopolitiques d'existence de l'État. Il faut en tenir compte dans le cas de la Russie et de la Chine sans doute, du Japon peut-être encore, ou de certains régimes autoritaires du Proche-Orient. Quoi qu'il en soit, il n'est pas envisageable d'attaquer la régionalisation du monde sans prendre la précaution d'observer sur quel plan elle peut valoir ni sans noter que la « puissance » économique n'entraîne plus la territorialisation.

Il reste à trouver l'allure spécifique de chaque État. Des orientations peuvent apparaître avec l'idée d'une Amérique-monde ou par le découplage de la richesse économique et de la capacité politique dans des environnements régionaux tout à fait dissemblables pour le Japon et l'Allemagne. Dans les trois cas, ce n'est pas le concept de puissance qui permet une relation entre l'organisation interne et le reste du monde mais celui de position. Reste à juger si l'autoformulation d'une position est reçue par les autres qui ne sont pas que spectateurs mais souvent acteurs dominés de faible capacité d'intervention. C'est une bonne raison pour au moins conserver sa capacité de réception du monde.

Cela n'a pas grand-chose à voir avec la définition de l'ultime superpuissance. Bien sûr, les États-Unis se trouvent au centre d'un système d'alliances ou d'accords qui couvre la planète entière ou presque. Vers les États-Unis convergent des migrants, des idées, des intérêts qui proviennent du monde entier ; des États-Unis partent des idées, des capitaux et des entreprises qui sont présents partout et circulent rapidement ; c'est aux États-Unis que se trouvent rapprochés tous ces réseaux. Aussi les fonctionnements mécaniques des rouages de la puissance ne sont-ils plus suffisants. Désormais, dans la plus grande proximité, aux États-Unis même et dans le monde entier, c'est la jonction globale qu'il faut réaliser sans que soit engagé un pouvoir de décision planétaire qui créerait immédiatement refus et fermeture. Mais la référence aux États-Unis n'est déjà plus la bonne. Il faut penser que l'Amérique-monde se réduit à un lieu créant les conditions du contrat à l'échelle globale, utilisant ce qu'il reste des arguments de la puissance parfois (guerre du Golfe) mais assortissant toutes les formes d'action d'un pacte qui les rende légitimes. L'arbitrage politique se prétend entièrement guidé par l'« impérialisme de la liberté », détaché progressivement de sa base territoriale. Nouvelle frontière ? Cela y ressemble. C'est aussi un credo [1] ou une position de principe qui étend au monde la manière américaine de contracter : la convention qui reconnaît un leadership à l'intérieur comme à l'extérieur des États-Unis. Voilà une clé pour entrer dans ce chapitre régional aux échelles glissantes, en notant même une nouvelle opposition : ce qui est global est américain ; ce qui n'est

1. Alfredo Valladao, *Le XXIe siècle sera américain*, Paris, La Découverte, 1993.

pas américain est local (provincial en quelque sorte !). C'est ainsi que les choses sont vues, un exemple de position.

Japon-Pacifique

Tous les jeux de mots sont permis. Le rapprochement de ces deux-là met en avant le risque de guerre longtemps entretenu et peut-être encore présent dans ces parages lorsque les approches géopolitiques ont laissé des traces. Quelle est la position du Japon ou plus exactement de la société japonaise ? Géopolitique, comme l'environnement le lui impose, économique et centrale comme nous le croyons ici ou d'exception culturelle ? Les trois ensemble. Inutile d'insister sur les circonstances historiques du renouveau. C'est fait par ailleurs. Il faut cependant pouvoir les utiliser dans la compréhension de la situation contemporaine. Dans le cas du Japon, la dépendance vis-à-vis du marché extérieur est considérable : elle n'est pas seulement commerciale mais aussi physique. La stabilité lui est absolument nécessaire et, pour diminuer les risques de rupture d'approvisionnement, la tendance est à réduire les distances en promouvant l'intégration économique de la région. Seulement, cette activité rappelle les mauvais souvenirs de l'ère de coprospérité. Les engagements extérieurs ne peuvent qu'être économiques sous la tutelle politique américaine, garante de la sécurité. D'ailleurs, le rôle économique du Japon ne lui vaut aucun crédit politique ; pas plus que sa neutralité : le Japon a été imposé par les États-Unis [1].

1. Philippe Delmas, *Le bel avenir de la guerre*, *op. cit.*

La relation spécifique qui lie la Chine et Taïwan relève de ce même découplage. Géopolitiquement toujours affrontées, les deux Chines sont très liées par la finance : Taïwan, on le sait, disposant des principales réserves financières de la région, est de loin le premier investisseur en Chine continentale avec la bénédiction évidente des « entrepreneurs », donc de la charnière pouvoir politique-pouvoir économique. Cela n'empêche pas les proclamations ou les attitudes agressives, voire les menaces.

Les schémas qui courent sur cette région depuis qu'a été inventée l'Aire-Pacifique sont à réviser en urgence. Ce n'est pas un pôle économique mais une aire de tension, très fractionnée, aussi bien par la concurrence économique (la fin de l'exception japonaise) que par l'héritage historique (figure 18). Il y a presque illusion ou erreur de perspective à voir dans l'Asie orientale une région prospère du monde, polarisée par le dynamisme japonais et ses relais. Ce n'est pas son premier caractère. Là-bas, les positions sont d'abord géopolitiques. Alors, la puissance est en Chine et s'établit sur des bases classiques qu'intègrent mal les raisonnements sur le fonctionnement réticulé généralisé. Il y a, en Asie-Pacifique comme au Proche-Orient, une interface entre deux modalités du monde. Les États-Unis, ici comme là, jouent sur les deux registres : voir, par exemple, la conditionnalité de la présence militaire liée aux négociations commerciales. Le Japon lui-même, après une période de course à l'occidentalisation pour le dépassement, est revenu à une étude de soi, à la définition d'une nouvelle « japonité ». La génération qui a perdu la bataille du Pacifique mais gagné la bataille commerciale disparaît maintenant. La suivante se trouve devant la nécessité d'inventer la fin de

Figure 18. *Asie-Pacifique*

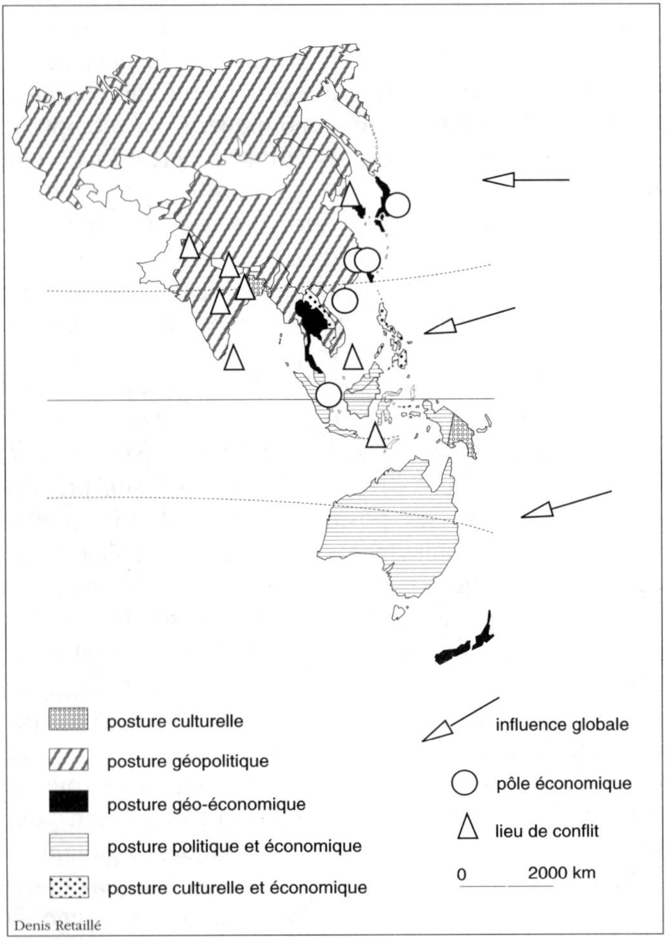

l'exception aussi bien à des fins intérieures que dans les relations avec l'extérieur [1].

Europe allemande

Les malentendus risquent d'être très nombreux avec le retour de l'Allemagne dans le tableau des puissances mondiales, surtout lorsque la position est examinée par la polarité continentale. L'Europe est-elle une totalité ou une périphérie polarisée par l'Allemagne et toujours menacée à l'Est, au moins par l'incertitude ? Les États-Unis sont au centre d'un réseau mondial, le Japon au cœur d'un problème géopolitique : quelle est la position de l'Allemagne ?

Plusieurs configurations de l'Europe peuvent être dessinées dont une est économique, en centre-périphérie. Par ailleurs, l'Europe, après avoir inventé l'État puis vécu une guerre civile pluri-séculaire à la suite d'une guerre des religions, a entamé un regroupement, un dépassement des frontières intérieures. Cela ne va pas sans difficulté parce qu'elle n'atteint pas tout à fait la cohésion d'une société. Mais la nécessité de l'action politique par l'action économique y conduit. Comment reconnaître une « région mondiale » ? À l'existence d'une société. Comment reconnaître une société ? À la manière dont s'organisent les relations entre les individus, par les formes de la cohésion et la conception de l'équité.

À l'équation diversité-proximité, l'Europe présente des solutions différentes de celles de l'Amérique-monde (coexistence sans fusion par les plus petits dénominateurs communs servant de base aux conventions) et dif-

---

1. Endymion Wilkinson, *Le Japon face à l'Occident*, Bruxelles, Complexe, 1992.

férentes aussi du découplage noté en Asie orientale. La formule européenne, c'est la coprésence, si difficile à réaliser, à base de dialectique et d'impératif catégorique. Les coups d'arrêt ou les retours en arrière ont toujours été si spectaculaires qu'ils ont été retenus comme situation normale. D'ailleurs, l'Allemagne a elle-même été coupée par la plus rigide des frontières mondiales : un seul pays partagé par un mur, finalement abattu par l'action politique ! Est-il si sûr alors que l'économie soit le ciment de l'Europe et que la « puissance » allemande pose problème ? Ce sont les représentations de l'Europe et de l'Allemagne en Europe qui sont en cause ; la représentation allemande de l'Europe aussi. Toutes les trois passent par une Allemagne européenne dégagée du complexe territorial (une sorte de contradiction entre le culturel et le politique) que ni Bismarck ni Hitler n'avaient résolu. Dans le nouveau contexte qui se dégage, l'Europe apparaît comme une solution bien supérieure à la nation, sans destruction d'identités dont les registres d'expression sont différents, mais fédérative [1].

Ces trois approches régionales, même très rapides, démontrent le besoin d'un outillage élaboré pour la compréhension des sociétés dans la dimension spatiale. Il reste à le maîtriser pour rendre possible l'observation des positions : comment la société conçoit-elle son espace, comment règle-t-elle la distance sociale, comment juge-t-elle de la différence et de l'unité [2] ? Cela ne doit pas nous étonner, puisque au centre de toute société se trouve d'abord une contradiction de nature spatiale : pour que la société existe, il faut réduire les

---

1. Gérard Mairet, *Discours d'Europe*, Paris, La Découverte, 1989.
2. Marie-Françoise Durand, Jacques Lévy, Denis Retaillé, *Le monde, espaces et systèmes*, *op. cit.*, 1re partie et tableaux, p. 28.

distances mais la coprésence n'est pas physiquement réalisable. Des institutions sociales de l'espace sont donc produites qui en permettent le dépassement. Les formules sont assez variées mais pas en si grand nombre qu'on ne puisse les inventorier et les combiner à un niveau acceptable de généralité. Il n'est pas pensable de se limiter à la description des activités économiques localisées. Les structures géographiques sont plus subtiles. Surtout qu'aujourd'hui la fiction de la souveraineté totale est tombée. Le passage à la responsabilité par secteur réduit de l'activité sociale suppose une connaissance des contraintes englobantes, y compris en dehors des capacités d'agir. L'enjeu politique du monde contemporain se situe par là et appelle une révision complète du tableau géographique qui géopolitise pour simplifier. C'est « vrai » tant que le territoire est le seul cadre universel. Mais c'est de moins en moins vrai. L'appartenance à des réseaux croisés donne aux individus une identité beaucoup plus complexe que par le passé. C'est aussi un effet de l'élargissement des horizons. Le territoire ou son image aseptisée (la région) n'est plus un objet géographique total. Les modes d'établissements humains, la relation entre l'identité et la fixation géographique, les nouvelles modalités de l'identité dans le contexte de mobilité élargie, le découplage des facettes de la vie des individus sont les champs actuels d'une réflexion sur le monde parce que les horizons changent de place et de profil.

Variation 5

Quelques problèmes géographiques mondiaux

> « Que Persée ramène son Andromède du fond des Indes brûlées ; que le berger phrygien aille jusqu'en Grèce ravir son Hellène ; Rome seule t'offrira d'aussi belles femmes, et en si grand nombre, que tu seras forcé d'avouer qu'elle réunit dans son sein tout ce que l'univers a de plus aimable. »
>
> Ovide, *L'art d'aimer.*

Quoique inutile et sans efficacité, la référence continentale est générale. Nous savons que cette référence relève d'un simple souci de couvrir le monde, vieux réflexe d'exhaustivité par la contiguïté d'unités découpées à l'échelle du général ; nous comprenons comment le souci de la simplicité conduit à la répétition d'une confusion métonymique. Mais personne ne dit jamais à quelle réalité, même phénoménologique, est attachée l'*échelle* continentale, quelle spécificité elle porte. Aussi bien la notion d'échelle que le concept de continent auraient besoin d'une précision et ne devraient plus être utilisés par reproduction mécanique dans l'ignorance de ce qu'ils signifient. Pour que les paliers d'une échelle existent, il faut qu'à chaque niveau correspondent une unité de substance, une unité de mesure et une unité spatiale structurelle (les trois ensemble). Aucun continent ne répond véritablement à ces conditions réunies à moins que, par métonymie, soient confondus continents, « aires de civilisations » niveau de développement et organisation politique. Aucune des régions mondiales de l'ONU ne satisfait non plus à ces exigences de méthode.

À la recherche du lieu, de l'unité, le problème géographique le plus englobant est celui du rapport des sociétés à la terre comme support d'abord et secondairement comme ressource. Ce rapport à la terre s'établit selon des modalités très spécifiques : le territoire ou la circulation, les deux étant liés. La ville et le terroir en sont les expressions, organisant l'accès aux ressources et comprenant les contraintes du contrôle de l'espace, vide ou plein, les contraintes de la distance.

La transition géographique

Première grande mutation géographique et premier problème puisque les habitudes sociales sont atteintes : le passage de la campagne à la ville. L'urbanisation puis la métropolisation du monde changent les rapports à la terre. Le support écologique direct s'efface, laissant place à la complémentarité généralisée donc à l'échange et à la circulation. Qu'en est-il en Afrique, là où le processus est le moins avancé et où se reproduit souvent, en ville, l'organisation rurale de la société ? Les villes africaines sont-elles totalement villes ? Qu'en est-il en Amérique, à l'opposé, où la société, presque entièrement urbanisée (ce n'est pas une affaire de statistique), entretient jalousement des mythes de la nature toujours très vivants ?

Comme conséquence de l'urbanisation, la base agricole du développement perd ses caractéristiques d'enjeu. La vieille opposition cultures vivrières-cultures commerciales n'est plus opératoire ; toutes les productions agricoles sont désormais commerciales, pour une plus ou moins grande part selon le niveau de la population rurale, et l'arme alimentaire s'émousse à la mesure de la fongibilité de la matière économique dans la matière politique. Aux États-Unis, par exemple, les secteurs agricoles les plus orientés vers le marché international sont en même temps les plus « traditionnels » (agriculture familiale), les plus aidés par le système des subventions et les plus atteints par le fonctionnement en lobbying (céréales). Les grandes entreprises qui investissent dans la terre ne visent, quant à elles, que le marché intérieur (élevage). Les contraintes pesant sur la politique agricole américaine proviennent donc surtout de la société rurale ou ce qu'il en reste aux États-Unis par le découpage électoral. C'est assez dire si les exportations agricoles américaines sont une arme à double tranchant qui peut très facilement se trouver retournée contre son utilisateur.

En Amérique latine, le débat et même le combat, la théorie du développement aussi, se sont construits autour d'une dichotomie emboîtée et homothétique : inégalité interne, inégalité externe. Mais, aujourd'hui, la population latino-américaine est très majoritairement urbaine elle aussi et l'itinéraire agraire du développement appartient à l'histoire. Si une opposition très classique se mesure toujours dans les dimensions des exploitations, cela n'a plus grande signification politique, encore moins économique. En revanche, la place de l'agriculture dans la position mondiale de la région présente un intérêt géographique. De nouvelles spécialisations s'installent dans des localisations inédites qui éloignent l'activité agricole des anciens ancrages. Ce fut le rôle des fronts pionniers comme celui du café au Brésil ; c'est aujourd'hui le passage au soja en remplacement des polycultures familiales dégagées des surplus de main-d'œuvre par l'urbanisation justement. Libérées de l'hypothèque révolutionnaire, les nouvelles spécialisations rurales et agricoles ou parfois minières (l'exploitation du bois en Amazonie) s'inscrivent dans la dimension mondiale, au plus grand bénéfice d'investisseurs globaux. La société locale n'est qu'à peine effleurée et voit ses problèmes intégralement reportés sur la ville. Les deux thèmes de la ville et de l'agriculture se rejoignent donc à travers la mobilité dans l'espace géographique et la variation des configurations sociales. Voilà qui est actuel.

L'identité-solidarité

Deux autres questions portent sur le territoire selon la problématique du vide et du plein, croisée avec les questions de l'identité et du développement et avec l'État comme acteur. Espaces vides et espaces pleins, territoires, pression démographique, des ingrédients comme ceux-là se mélangent en un cocktail toujours détonnant. Voilà une vraie question mondiale : où sont les ressources et à qui appartiennent-elles quand le monde est fini et aussi inégalement peuplé, quand l'allocation des richesses est si mal distribuée ? « Limites de la planète », « espace vital », « bel avenir de la guerre », « temps mondial », « interdépendance », et parfois même « fin de l'histoire » : les formules sont nombreuses et contradictoires. C'est l'occasion de saisir que les dispositions sont toujours porteuses de futurs inconnus et qu'elles sont problématiques. J'en tire la conséquence que la géographie du monde ne se récite pas. Elle s'écrit. Les titres ne s'enchaînent pas comme une litanie, ils se creusent.

Un État ou une société sont-ils riches de leur territoire et des ressources qu'il recèle ou riches de leurs hommes ? Certains prétendent que la Chine sera la superpuissance mondiale vers le milieu du prochain siècle, pour autant qu'elle conserve son caractère unitaire et centralisé (ce qui est contradictoire avec les conditions supposées de son développement [1]) et qu'alors l'Occident ne sera plus le pôle dispensateur de valeurs universelles. Peut-être. Mais quel que doive être le monde, demain, on ne s'y préparera qu'en affrontant les questions d'aujourd'hui et par la compréhension de tous les médiums qui assurent la jonction entre les deux unités incontestables que sont l'individu et le monde. Quel que doive être le médium dominant, le citoyen conscient devra disposer de clairvoyance et d'autonomie de jugement, après avoir appris à peser les discours des prophètes de toutes espèces. Non, nous ne pourrons pas anesthésier le public citoyen par des récitations à peine revues d'un hymne séculaire. Chacun sait que le monde démarre là où il est et n'a rien de cette abstraction montée sur des échelles bancales qui parle tantôt d'État, tantôt de régions mondiales, voire de civilisation, comme s'il s'agissait d'êtres.

Préférons pointer les sujets de réflexion qui engagent la solution de connaissance. Qu'est-ce que le monde ? Cela devient : d'où le monde s'envisage-t-il ? La ville fabrique-t-elle de la société par-dessus les identités ancrées ? Quel rapport à la terre entretiennent les sociétés ? L'exclusive ou le partage ? N'observons-nous

1. Zhong Xiaofeng, *L'ouverture chinoise sur l'extérieur, 1979-1989*, Thèse de science politique, Paris, Institut d'études politiques, 1995.

pas des rapports entre sociétés plutôt que des « espaces » ? Toutes les études de cas proposées seront démonstratives ou n'auront aucune valeur selon que la question du monde sera ou non posée. Peser des régions du monde découpées à l'aveugle sur la base de la topographie (des morceaux de continents), de la richesse, de la langue ou de la religion, le tout assemblé sans continuité possible (comment se rencontrent une religion et un niveau de PNB ?) n'aboutit qu'à l'inventaire d'un bric-à-brac.

Nous avons le lieu. Nous avons le territoire. Tous les deux plus utiles lorsqu'ils sont définis en compréhension. Nous disposons de modèles : l'État, l'europe. Nous avons saisi la difficulté de définir le monde en extension comme une somme de lieux ou de régions. Nous avons circonscrit un problème, le problème du monde quand il ne peut plus être défini comme une chose, qui est le problème du lien par lequel tiennent les choses et les êtres. Quelle réponse de géographe peut être maintenant avancée ?

Chapitre 6

L'impératif géographique, un impératif territorial *

> « Le peuple doit combattre pour ses lois comme il combat pour un rempart... Il faut savoir que la guerre est universelle, que la justice est une joute, et que tout le devenir est déterminé nécessairement par la joute. »
>
> Héraclite, *Fragments* 44-80.

La conscience bridée par les identités de groupe et la mémoire exclusive organisée en histoire guident l'intelligence du monde vers l'appropriation et l'hostilité. « Le premier qui ayant enclos un terrain s'avisa de dire : “ ceci est à moi ”, et trouva des gens assez simples pour le croire, fut le vrai fondateur de la société civile. Que de crimes, de guerres, de meurtres, que de misères et d'horreurs n'eût point épargné au genre humain celui qui, arrachant les pieux ou comblant le fossé, eût crié à ses semblables : “ Gardez-vous d'écouter cet imposteur ;

* R. Ardrey, *L'impératif territorial*, Paris, Stock, 1967. Ce chapitre reprend largement une communication au colloque de l'Association française de science politique et publiée sous ce titre dans « L'international sans territoire », *Cultures et conflits*, 21-22, printemps-été 1996.

vous êtes perdus si vous oubliez que les fruits sont à tous, et que la terre n'est à personne ! " » C'est vrai, les idées de Rousseau n'ont plus cours. Une lecture un peu primaire les applique aux biens intimes pour en montrer l'impossible réalisation. Mais que l'on veuille bien reporter ces mots à la dimension de l'objet dont ils traitent et à sa géométrie : ils prennent tout à coup une nouvelle actualité. L'impératif territorial qui ressort de l'histoire pose le principe de l'isolement, d'un possible développement en position d'abri et du maintien à l'écart de tous les gêneurs, ennemis ou prédateurs potentiels ; il pose le principe de la guerre limitée à la défense ou à l'attaque des frontières. Pourtant, rien de cela n'est plus possible, si ça l'a été jamais. Kant, encore lui, bien avant Valéry, avait déjà orienté les regards vers un monde « où la communauté formée par les peuples de la terre ayant globalement gagné du terrain, on est arrivé au point où toute atteinte au droit en un seul lieu de la terre est ressentie en tous [1] ». Si un impératif géographique demeure comme une nécessité de position liée à l'existence physique, il reste à voir s'il s'exprime encore comme un impératif territorial de type « holiste » ; il reste à voir si la responsabilité globale de chacun passe encore par la souveraineté et la délégation de pouvoir qui sont à la base de l'idéologie du contrat et de la modernité politique. Il reste à voir si le découpage de la terre en fractions et la méthode analytique en géographie sont bien à jour. Il faut pour cela reprendre notre itinéraire d'apprentissage de la terre et du monde, tenter d'en dégager la légitimité et même l'éthique.

---

1. Emmanuel Kant, *Vers la paix perpétuelle* [1795], Paris, Garnier-Flammarion, 1991.

Le territoire semble là, dès le début de l'histoire. Ni la variété des trajets, ni la diversité des formes de société n'introduisent d'exception à la règle : les organisations sociétales tendent partout et toujours à l'exhaustivité des fonctions en limitant les différents secteurs de l'activité sociale à un même espace. L'interaction qui en ressort assure cohésion et identité. Ainsi, toute société manifeste-t-elle une tendance à la territorialisation, avec ou sans primauté des fonctions politiques.

Cohésion verticale mais aussi coalescence horizontale. La découverte d'une forme abstraite d'organisation et d'identité, capable de résoudre les contradictions séparant les activités humaines quand elles se modernisent, a placé l'unité primordiale du côté de la transcendance. L'État, par le territoire, s'abstrait de la société mais s'ancre dans une nature antérieure et durable que nulle péripétie ne devrait pouvoir transformer. Alors l'histoire peut commencer, en tout cas cette histoire « moderne » qui voit alterner guerre et ordre entre les États, enrobés dans un discours de légitimation qui s'appuie sur une base de naturalité et que l'on appelle « idéologie [1] ».

Territoire, idéologie, ce raccourci de la fonction politique est un peu audacieux. Ce n'en sont cependant que les deux bornes. Toutes les raisons du monde peuvent se trouver brutalement balayées par le réveil, rarement spontané, d'une identité ou d'une idée, action politique toujours, dont le territoire est le sanctuaire marqué d'icônes et à laquelle l'idéologie fournit le dogme. Examiner l'impératif territorial, c'est d'abord, et paradoxalement si l'on s'en tient aux mots, reconnaître qu'un ter-

1. Raymond Aron, *Paix et guerre entre les nations*, Paris, Calmann-Lévy, 1962.

ritoire – comme une idéologie – est justiciable d'un examen critique. Les conditions de sa « production » (légitimes ou non) peuvent être analysées : le territoire est objet de connaissance même si, par ailleurs, il fascine et enchante acteurs ou sujets. Mais, aujourd'hui, le problème prend un autre tour. L'examen de l'impératif territorial porte aussi sur la pertinence de la forme «.territoire » comme base d'une légitimité qui doit s'élargir aux dimensions de la planète pour un nombre croissant de décisions et d'actions. Que devient-elle dans ce cadre nouveau ? Les mouvements de fractionnement sont-ils seulement la marque d'un archaïsme, un combat d'arrière-garde sur le chemin d'une société-monde ? Retirer au territoire sa transcendance, déchiffrer et montrer la complexité de sa construction sont-elles des opérations capables de fournir l'outillage nécessaire à l'invention de nouvelles formes politiques ? Nous nous retrouvons là dans la même position d'ouverture du savoir vers l'action qui a déjà conduit à des « réalisations » tendant à accorder le « réel » à ce qui « devait être ». Position délicate.

Une nature et une idée, d'abord distinctes puis confondues et renforcées l'une par l'autre, voilà la naissance du territoire. Des mots qui dérivent entraînant les concepts dans l'architecture d'un déterminisme géographique, c'est l'héritage dont la captation politique s'est traduite par le découpage universel, l'invention du monde que nous connaissons et que nous avons « perdu ». Mais l'histoire n'est pas finie et le temps à venir est toujours envisagé comme un lieu. Terre promise. Sa localisation, sa forme, son extension varient selon les discours : l'intentionnalité des acteurs inventeurs du monde justifie à elle seule la construction d'une géographie rénovée du politique. Plus encore, la repolitisation globale du géographique permettrait d'échapper à la description d'évidence ou à la justification de l'existant [1]. Ce serait retrouver la science morale et politique que fut la géographie par la conjonction de sa finalité utilitaire (les inventaires, la cartographie statistique) et de sa finalité philosophique en une seule : le bon gouvernement. Que devient l'impératif territorial dans cette double transformation de l'objet – le monde – et de la méthode – la géographie ? Ce problème, qui peut sembler confiné dans le domaine pratique, est un véritable défi théorique au risque de l'imagination.

Sans s'interroger sur l'origine du monde et de la vie mais en observant la prise de conscience progressive de l'allure de la terre des hommes et des relations qu'entretiennent ses différentes parties, la géographie est une écriture à double sens. Elle est écriture au sens le plus formel et codifié, description ordonnée au moins, explicative souvent, du réel localisé à la surface de la terre, en tant qu'il est localisé. D'un autre côté, tout homme ou tout groupe d'hommes impriment à cette surface terrestre un sens géographique par leur regard et leur action qui différencient les lieux. Ces deux géographies, la discursive et la spontanée, sont assez mal départagées tant il va de soi, dans le savoir commun, que les objets géographiques sont des « êtres » (essences) avant que d'être. Nous avons d'abord à nous débarrasser de cette « naturalité » des divisions spatiales qui sont la base ou l'expression empiriques des phénomènes décrits par l'ensemble des sciences sociales : le territoire.

L'itinéraire géographique des Européens s'est imposé au monde, produisant ce tableau que nous connaissons et qui peut-être s'efface : le monde des États « nationaux » et « territoriaux » dans lequel l'or-

---

1. D. Nordman, *L'École normale de l'An III. Leçons d'histoire, de géographie et d'économie politique*, Paris, Dunod, 1994.

ganisation, l'identité et les institutions politiques sont, au moins fictivement, accordées, voire réglées par le territoire. C'est une vieille attitude, déjà présente dans la *Genèse*, quand les différentes étapes de l'accomplissement du plan s'accompagnent d'un découpage de la terre.

Beaucoup plus tard, lorsque s'achèvent les circumnavigations des temps modernes, que l'on pourrait aussi présenter comme l'accomplissement d'un plan mondial, l'assimilation persiste d'un continent et d'une couleur d'humanité, noir, jaune, blanc, ou d'un continent et d'une civilisation, même approximativement définie par une plante alimentaire (riz et Asie), une religion (christianisme et Europe), une couleur vraiment (noir et Afrique). Les caractères ne se superposent jamais parfaitement et, au besoin, des sous-continents sont identifiés plus tard (Inde, Amérique latine). Il n'en reste pas moins que, par réduction, les îles terrestres sont d'abord les civilisations par quoi on les représente.

Dans les mêmes temps, mesurer et tracer les limites des terres et de la terre, localiser sur un graticule, isoler incontestablement des ensembles géographiques, non plus dans l'ordre des hommes et de leur règne mais dans celui de la nature, sont des opérations à visée objective : la terre devient monde par cette abstraction, une vision ou, pis, un cadre.

La dérive ne pousse pas seulement du contenu à son résumé par le contenant, elle touche aussi les concepts. Une réalité vécue et locale, c'est-à-dire singulière, devient abstraite en devenant spatiale. Depuis Ptolémée (en fait Hipparque et Eratosthène), les coordonnées terrestres sont exprimées en angles (*klima*) qui servent à découper la planète en « zones ». La carte en est un véritable substitut de notre conscience, une représentation au plein sens, qui est donnée pour la réalité. Mais l'extension aux zones des jugements portés sur la qualité des milieux et la richesse des contrées conduit tout droit à la théorie des climats que l'on retrouve encore chez Montesquieu ou Herder, et plus ou moins dans tous les raisonnements approximatifs portant sur le sous-développement des régions tropicales, tout cela porteur du racisme climatique dénoncé par Pierre Gourou [1]. Du climat (l'angle) à la zone géographique, du continent à la civilisation, le croisement des deux dimensions fournit une première trame de différenciation du monde. Elle le structure autour du lieu d'émission de l'histoire, le centre des terres émergées dans la zone moyenne dite tempérée, l'Europe qui invente le monde.

En s'écartant de notre lignée « géographique » – mais si peu, tout compte fait – le processus prend encore plus de relief, comme perfectionné. Reprenant l'héritage grec, les savants abbassides n'ont pas remis en cause l'autorité de l'ancienneté (ce qui ne se peut) mais l'ont adaptée aux circonstances du temps. Ptolémée avait-il désigné sept klima, *Mas'udi* reconnaît sept *iqlim* qui ne sont cependant pas disposés de la même manière. Aux angles de latitude sont substitués des secteurs ayant Bagdad pour sommet, ouverts en direction des « civilisations » périphériques. Mais ces secteurs sont rapidement devenus, pour des raisons pratiques, des *iqlimyya*, des provinces d'administration, un découpage [2].

Il en est d'autres représentations, tout aussi pertinentes. La chinoise par exemple, on se le rappelle, des carrés emboîtés autour d'un centre, l'Empire du Milieu. Et le monde, dans ce cas, c'est tout simplement la terre

1. Pierre Gourou, *Pour une géographie humaine*, Paris, Plon, 1972.
2. A. Miquel, *La géographie humaine du monde musulman*, Paris-La Haye, Mouton, 1967.

sous le ciel, c'est-à-dire, en chinois, la Chine tout simplement.

Tout n'est que construction, on le voit. L'identité partielle est étendue à un espace imaginé. Une fois délimité, l'espace imaginé devient le critère d'identité. Le territoire étant le concept mixte qui permet la bascule de la localisation à la contrée par le glissement d'un caractère dans un quadrillage préétabli.

Des « zones », des continents-civilisations et une subdivision plus ou moins fine : l'invention du monde est une représentation et sa projection européenne l'a emporté. Nous pouvons l'admettre là où les Européens ont été effectivement responsables du tracé des frontières. Mais que penser de la Chine [1] et, dans une configuration un peu différente, de l'Inde [2] ? Ces États sont aussi des civilisations (ce sont d'ailleurs les deux géants démographiques) qui toutes deux se conforment bien à l'impératif territorial du type dedans/dehors, de manière très rigide d'ailleurs, sans qu'il soit nécessaire d'établir un nouveau cadre d'identité.

Au total, l'européanisation du monde, qui résulte de ce découpage en territoires, se ramène à une méthode cartographique d'identification, manière privilégiée et simplifiée de donner du sens à tout ce qui se trouve à la surface de la terre. Des surfaces délimitées sont ajoutées les unes aux autres jusqu'au recouvrement complet des terres émergées.

---

1. M. Granet, *La civilisation chinoise* [1929], Paris, Albin Michel, 1994.
2. J.-L. Racine, « Rama et les joueurs de dés », *Hérodote*, 71, 1993.

L'altérité comme base de la géographie

L'affaire ne s'arrête pas là. La dérive du contenu au contenant et son effet de retour participent d'un schéma beaucoup plus global d'appréhension du monde qui est présent, implicitement, dans les apprentissages comme dans les approches « savantes ». Il suit fidèlement la progression de la *Genèse*, au moins comme structure fondamentale (à chaque étape un palier) et reconnaît dans la différence la marque du progrès, au temps du monde. Aujourd'hui coexistent, comme en toutes les époques, des étapes différentes de la marche de l'humanité. Une hiérarchie en ressort, comme fatale, avant la grande égalisation finale. Vision d'Européens ? Illusion ? Peut-être.

Quand les sociétés ont parfaitement les couleurs de leur milieu, quand leurs orientations matérielles s'accordent aux mythes, au plus tôt de l'histoire donc, les civilisations peuvent être identifiées, sans trop de précautions. Un morceau de terre, une activité dominante, un corps de croyances suffisent, dans cet ordre, à fixer quelques lieux de naissance de l'histoire humaine. Rappelons-nous nos premiers apprentissages. La diversité de l'humanité apparaît très tôt et déjà formalisée. Elle est logée dans une construction savante liant l'homme à la terre. L'accent porte d'ailleurs immédiatement sur la différence et la limite. Celui qui a prévalu dans l'ordre physique se retrouve dans l'ordre humain, non seulement comme méthode, mais aussi dans sa trace. Les continents et les latitudes, la terre et la mer sont les référents de base. Au plus tôt de l'histoire, dans une relation de très grande proximité des caractères physiques (observés aujourd'hui, ce qui constitue un anachronisme et une faute méthodologique sur laquelle on ne peut s'étendre ici), les civilisations sont inscrites dans la nature. Leur différenciation échappe ainsi au classement de valeur ;

mieux même, les morceaux de l'humanité sont placés à égalité de raison face à une nature terrestre diversifiée et fixée. Adaptées à leur « milieu », les civilisations sont confinées et condamnées à la séparation ou à l'affrontement marginal dans les confins indécis (luttes nomades/sédentaires).

Il faut une civilisation ouverte sur le monde par sa situation « privilégiée », prête à l'aventure de la circulation, pour que s'entame le processus d'échange et de mutation liée à la confrontation. Alors que l'arrangement des contraintes formerait les cultures et les civilisations naturalisées, il n'y aurait histoire que par la coalition, volontaire ou non, de cultures différentes [1]. Ce lieu de la concentration de l'expérience humaine du monde, capable de changement (de progrès), est tout désigné. Élisée Reclus, qu'on ne peut soupçonner de mépris pour la différence, ou de sentiment de supériorité raciale, l'exprime au mieux, dans une expression touchante de sincérité où l'on voit poindre un besoin d'optimisme historique : « L'Asie a pu donner naissance à plusieurs civilisations locales, mais c'est l'Europe qui en hérita pour les unir en une culture plus élevée, à laquelle pourront prendre part tous les peuples de la Terre [2]. »

L'affranchissement des contraintes locales est producteur d'une plus-value par l'accès à la variété matérielle et culturelle du monde. C'est l'entrée en histoire par la modernité, la séparation de l'aventure intellectuelle et de l'aventure matérielle en des secteurs séparés qui vont pouvoir s'informer l'un l'autre alors que, dans les civilisations naturalisées, la nature-culture fait bloc et que la situation est arrêtée. Les Européens qui inventent cette

---

1. Claude Lévi-Strauss, *Le regard éloigné*, Paris, Plon, 1983.
2. Élisée Reclus, « L'Asie russe », *Nouvelle Géographie universelle*, VI, Paris, Hachette, 1882.

histoire du monde dessinent, à ce moment, une seconde trame géographique qui représente la diffusion de l'Europe selon un gradient de proximité-éloignement. C'est la carte du développement, de la plus ou moins grande intégration dans un système européo-centré. Que l'on parle de révolution industrielle, de transition démographique, de transition démocratique, d'urbanisation, de développement humain, la même structure organise la compréhension : des étapes, des paliers, des différences hiérarchisées. Hegel a clos cette démonstration [1].

Entonnoir de peuples, réceptacle de civilisations et de thèmes culturels, la péninsule occidentale de l'Asie prend son caractère par la diversité. C'est la meilleure position d'apprentissage et d'expérimentation de solutions universelles pour le compte du monde, à la rencontre des différences essentielles. La diversité, dans la proximité et dans un espace plein, porte vers l'invention d'une forme sociale à cohésion double, externe et interne, permettant à la fois l'identité et le voisinage. Les trois principes de l'État moderne fondé sur le territoire, l'unité, le primat du politique, manifestent la découverte de l'impératif territorial. Achevées les guerres de religion, perdue l'idée d'empire chrétien, la guerre civile européenne prend le relais dans une recherche inachevée de l'accord parfait peuples/territoires. Cela n'empêche pas l'illusion de se développer, étalée sur la terre entière, quelles que soient les dispositions sociales et politiques locales [2]. L'impératif territorial développé en Europe est universalisé par la nécessité de placer toutes les contrées du monde sur un même plan. Comment réaliser la coalescence d'objets qui ne sont ni de même nature ni de

1. G.W.H. Hegel, *La raison dans l'histoire* [1822], Paris, Plon, 1965.
2. Bertrand Badie, *L'État importé*, Paris, Fayard, 1992.

même structure ? La jonction de l'impératif cartographique et de l'impératif territorial, comme outil de la pensée du monde et accessoirement de sa conquête ou de sa domination, achève le processus d'invention. La touche finale n'est que le passage à l'explicite. La hiérarchie des puissances dans ce monde l'organise et le boucle en un système par lequel se diffuse l'unité de l'ensemble. Mondialisation.

Voilà l'histoire que nous nous racontons, le tableau géographique que nous nous montrons. C'est un discours centré, idéologique mais aussi le témoignage d'une réalité imaginée qui a pris corps dans le monde comme réunion d'ensembles séparés, jusqu'à la limite empirique incontestable de la terre des hommes. Limite vers le haut ! Quelle est la limite vers le bas ? Le peuple, l'État-nation ? La civilisation ? Ce ne sont guère qu'assemblages différents de sociétés. Il faut alors définir la société plutôt que la prendre en soi. C'est, au passage, le moyen d'observer comment l'impératif territorial intervient dans les assemblages, quelles que soient leur extension ou leur structure. Vers le bas, la limite empirique incontestable est alors l'individu, qu'il soit sujet, agent ou acteur, libre ou contraint.

Variation 6

La volonté de monde

> « Ce que je demande à la douche, c'est avant tout de me confirmer comme maître de l'eau, comme faisant partie d'une humanité qui a hérité des efforts de plusieurs générations la prérogative d'appeler à soi l'eau par la simple rotation d'un robinet... Et je sais que, pour que ce miracle se répète chaque jour, il est nécessaire qu'une série de conditions complexes soient remplies, en raison de quoi l'ouverture d'un robinet ne peut pas être un geste distrait et automatique, mais demande une concentration, une participation intérieures. »
>
> Italo Calvino, *Le maître de l'eau.*

Simpliste depuis la dénonciation du « fardeau de l'homme blanc », la critique du tableau européo-centré et le différentialisme poussé jusqu'à l'essentialisme présentent l'universalisation et la mondialisation comme aboutissements de l'impérialisme et comme déviation inacceptable de la diversité et de l'autonomie des civilisations au profit d'une seule. La dénonciation porte sur des acteurs dominants qui sont de plus en plus des institutions froides, voire des mécanismes insaisissables comme ceux qui se développent dans la sphère financière. Je ne vois pas beaucoup d'efficacité à cette analyse de la situation globale, sinon dans l'ordre de la mobilisation pour la contre-mondialisation. Alors réémerge l'impératif territorial, paradoxalement, dans le camp de ceux qui dénoncent l'aboutissement de la territorialisation du monde sur le mode européen : ethnarques, prophètes, visionnaires politiques. Pour ou contre le monde, le territoire est là, à l'amont de l'histoire, comme une entrée ; à l'aval, comme une sortie ou un refuge !

Territorialité, géographicité, spatialité

Si les formes spatiales des groupes humains ne sont pas déjà dessinées dans la nature mais résultent de l'organisation des sociétés et des contacts qu'elles entretiennent, résultent même de la projection dans la réalité de l'imagination géographique qui se développe à partir d'indices superficiels (un nombre, un produit, un paysage, etc.), alors il faut examiner l'intentionnalité de ceux qui, dans le corps social, sont capables de fixer une disposition. Ces acteurs dominants s'abritent souvent derrière des noms de lieux (la concurrence Rouen-Le Havre, la rencontre de l'Europe et de l'Asie, l'Occident...). Ils n'en expriment pas moins une volonté géographique ou une géographie « politique ». Cela manifeste l'exercice d'un pouvoir, qui, pour réussir, doit s'appuyer sur un minimum de légitimité. L'invention du monde résulte d'une volonté de monde ou, plus exactement, de volontés coalisées ou affrontées, ajoutées ou retranchées, combinées en savoir et pouvoir.

Revenons à l'individu comme unité incontestable du genre humain, libre ou pas. Il ne doit sa survie consciente qu'à l'entretien de relations avec ses semblables. Mais, dans le même temps, aucun de ses congénères ne peut résider au même emplacement que lui. Un groupe humain local, parfaitement primitif, isolé et fermé, assurant sa simple survie, c'est-à-dire sa reproduction, s'étale sur un « territoire » qui est à la fois ressource et somme des distances séparant chacun des individus de tous les autres. Au degré zéro, la société est un groupe humain habitant un territoire exploité selon une répartition des tâches établie par lieu, et soudé par une coordination qui ressemble déjà à l'exercice de la fonction politique. Le territoire-ressource constitue une première enveloppe d'identité spatiale, que l'individu en exploite directement et physiquement des produits ou, plus souvent maintenant, qu'il y trouve tous les individus (et les fonctions) dont il a besoin pour survivre. Le territoire-ressource, c'est l'espace des nécessités vitales [1].

À l'échelle de l'individu, la dimension de l'interconnaissance résulte du contact physique, de l'affect et de la familiarité. La *territorialité* est limitée à un horizon incompressible, celui de la vie quotidienne dans laquelle l'existence se stabilise. Elle est susceptible d'évolution selon la relation sociale, la capacité technique, les pas de temps envisagés mais elle reste l'*expérience de l'unité*. Le territoire est fait d'ancres et de bornes partagées par les membres du groupe, qui le caractérisent et le différencient de ce qui constitue l'extérieur, l'espace de l'aventure.

Le sentiment ou la perception instituent des seuils, des passages d'un lieu à un autre, d'un territoire à l'autre. Matérielle ou intellectuelle, la marque de la différence qui sépare les lieux est un étage supérieur de l'identité géographique. Au-dessus de l'appartenance territoriale qui tient dans une forme d'immédiateté, la non-appar-

1. J. Brunhes, *La géographie humaine*, édition abrégée, Paris, PUF, 1942.

tenance ne peut s'exprimer qu'à travers la connaissance relative. À la familiarité s'ajoute, en opposition, l'altérité construite en correspondance, terme à terme. Le paysage, la langue, la forme du contrôle social... tout peut participer à la reconnaissance de la différence qui distancie les lieux ou mieux les territoires. J'appelle *géographicité* cette *expérience de la différence par la distance* [1].

Territorialité et géographicité ne se construisent pas tout à fait au hasard. L'intelligence de la surface terrestre n'est pas non plus uniforme ; elle ne se moule pas dans une seule raison et ne se limite pas à une valeur physique des milieux selon un classement unique, celui de la productivité végétale, par exemple. La compréhension complète des écarts n'est possible qu'à la condition d'ajouter à ce couple de l'identité géographique un niveau plus élevé de l'abstraction, la géométrie mentale par laquelle chacun dispose les lieux à la surface de la terre. Pour des raisons de commodité et surtout de rapidité, examinons encore une fois les opposés classiques : nomades et sédentaires. Ils n'envisagent pas l'espace de la même manière.

Le territoire nomade est constitué d'un ensemble de lieux éloignés qui ne valent que pour autant qu'ils sont réunis dans une circulation plus ou moins régulière. La territorialité porte sur la disponibilité rythmée en eau et en herbe, hiérarchisée par la priorité d'accès. La distance topographique importe relativement peu (encore qu'il faille nuancer selon les capacités de circulation). En revanche, les distances écologiques sont très prégnantes. Elles se marquent par la qualité de l'herbe, le volume d'eau, les conditions sanitaires animales, la saisonnalité.

---

1. Denis Retaillé, *Représentations et enjeux de l'espace au Sahel*, vol. IV, ronéo., Université de Rouen, 1993.

Il s'y ajoute des distances sociales selon l'ouverture ou la fermeture des passages, la liberté de l'eau, la domination ou la soumission. Tout cela dessine une géographicité qui est simplement l'intelligence des lieux. Mais la forme de cette géographicité n'est composée que de points et de lignes, disons d'itinéraires hiérarchisés, intégrés ou tronçonnés. La qualité de l'itinéraire et la valeur d'une *direction* comptent seules.

En face – c'est préjuger de l'existence d'une seule forme spatiale – ou bien au-dessous – c'est préjuger de la saillance d'une forme sur l'autre –, les sédentaires paysans définissent le territoire par le terroir d'abord ou l'ensemble des terroirs complémentaires qui constituent le pays. L'exploitation y est continue dans le temps (investissement foncier) et dans l'espace borné de la propriété. La surface est le module spatial de base, sa *dimension* fait sa valeur. Nul besoin de nous y arrêter plus longuement.

Au contact nomade/sédentaire, un problème se pose donc. Avons-nous affaire à deux espaces spécialisés par les modes d'exploitation du milieu et les sociétés, limités par un seuil physique, de pluviométrie par exemple, ou avons-nous affaire à deux formes spatiales superposées (des itinéraires et des surfaces) dont la saillance de l'une n'est que le signe d'une supériorité politique ? J'appelle *spatialité* cette géométrie par laquelle se pense l'espace terrestre et dont nous verrons l'importance lorsqu'il faudra s'habituer à ne pas ramener tous les territoires à une seule *métrique*, dite topographique, celle du terroir justement, la surface clairement délimitée. Ce qui apparaît dans notre analyse réaliste classique comme conflit de compétence territoriale peut être beaucoup plus complexe lorsque des spatialités différentes sont en jeu. Il nous faudra apprendre à manipuler ensemble diverses métriques de l'espace des sociétés.

Sociétés agraires ou sociétés industrielles, marché local ou transaction globale, les conditions générales de l'identité géographique se modifient considérablement. Quelles formes sont saillantes sur les autres, quelles formes sont englobantes ? N'est-ce pas affaire de choix et finalement de politique, expression de la volonté de monde qui s'exprime chez des acteurs concurrents ? Que devient l'impératif territorial dans tout cela ? N'est-il pas un vieil héritage de civilisation agraire dépassée, héritage de la cohésion assurée par la coalition des soldats et des paysans qui traitent la terre comme une ressource primaire ? Ou bien, dans une variété de métriques qui reste à reconnaître, n'est-il pas la condition de l'organisation sociétale ? C'est une première série de questions.

Nous croyons découvrir aujourd'hui, dans le monde très contemporain, une ambivalence indépassable devant laquelle l'analyse se trouve désarmée. L'espace des sociétés est fait de réseaux et de territoires. Tant que l'État a été l'individu-acteur privilégié par la science politique et par l'action, le territoire fut incontestable. Tellement qu'il n'a pas été pensé autrement qu'en termes géopolitiques : à toi, à moi, grand, petit, riche, pauvre, allongé, trapu, massif, délié, au centre, à la périphérie, continental, maritime, continu, discontinu, etc. Tout s'est passé comme si nous n'avions pu prendre en compte, mesurer, éventuellement déplacer, que des stocks, des masses, des solides bien définis, sertis... mais pas les mouvements flous, aléatoires qui sont ceux des fluides qu'on ne peut mesurer qu'en flux [1]. Pour aider à l'analyse positive, ce qui n'est que flux de pensée, de vie,

1. Michel Serres, *Atlas*, Paris, Julliard, 1994.

d'initiative a été coagulé en solides : des peuples, des territoires, des richesses. Alors l'impératif territorial est aussi vrai pour le pouvoir que pour le savoir : c'est l'établissement d'un déterminisme simple qui permet d'établir l'information et de prévoir l'action. De cette situation, le passage au réseau marquerait l'éparpillement de l'information et l'éclatement du pouvoir de contrôle, un monde sans ordre d'où s'effacerait la fonction politique au profit de la concurrence des règles : le marché contre l'identité, l'information contre le mythe. Est-ce si simple ? La saillance du réseau sur le territoire est-elle une parfaite nouveauté ? (C'est vrai que nous sommes habitués à l'englobement du réseau par le territoire.) L'impératif territorial disparaît-il avec le primat du territoire ? Quelle forme prend-il ? Ce sont les nouvelles questions ou les questions oubliées que doit traiter la géographie du politique.

Début de réponse. La sorte de géographie « spontanée », fondamentale, structurale et inconsciente qui pourrait s'écrire selon les considérations précédentes, s'en tiendrait aux représentations sociales de l'espace terrestre et à leur mise en œuvre, sans du tout s'inquiéter de l'intentionnalité des acteurs. Or, c'est la volonté de monde exprimée par les acteurs dominants et entraînants que veut cerner la géographie du politique, en poussant l'analyse jusqu'à la responsabilité, c'est-à-dire au rebord de la science, juste avant l'action.

Dans le monde dominé par l'État ou dans toute forme exclusive et exhaustive de partage, la géographie n'a guère été sollicitée que pour évaluer l'allocation des ressources localisées. Il allait de soi que tous les fonctionnements sociaux étaient réglés sur le même principe : unité interne, altérité absolue de l'extérieur. Il allait de soi aussi que la définition de la société pouvait s'atteindre par sa délimitation, deux opérations confondues déjà observées dans l'invention du monde. Il reste à identifier le médium qui produit l'unité interne et s'interpose dans toute relation externe pour établir le lieu d'exercice de la fonction politique. La géographie qui s'occupe de cette manière est politique par ses tableaux et géopolitique par ses principes de compréhension. Les ressources étant localisées, une action volontaire d'allocation et de transformation de l'allocation ne peut être qu'une action de prédation, interne ou externe. À l'intérieur, les règles économiques et sociales orientent la distribution des richesses ; à l'extérieur, la diplomatie et au besoin la guerre servent à défendre les intérêts communs ou solidaires de la société interne. Ce couple géographie politique-géopolitique a connu son développement maximal avec le jeu de puissances. Le monde y est pensé en surfaces, selon un assemblage tout à fait particulier des métriques sociétales, topographique au-dedans, topologique au-dehors.

Topologique d'abord. Il s'agit d'une manière de mesurer les passages brusques d'un lieu à l'autre, d'un niveau hiérarchique à l'autre, d'un territoire à l'autre. La frontière est un seuil privilégié d'observation, c'est le seul qui aille jusqu'à l'exclusive. C'est dedans ou dehors, mais ni entre les deux ni ailleurs.

Topographique ensuite. Cette manière de mesurer s'applique à suivre la continuité physique, la chaîne de proximité. Une unité topographique, c'est une surface devenue lieu, une étendue dont on a annulé toute distance pour privilégier l'appartenance solidaire mais qui n'en conserve pas moins une dimension.

Exclusivité topologique, exhaustivité topographique par la fusion de toutes les fonctions sociales dans l'État ou la nation, une portion découpée de l'humanité et de la terre en même temps est un *pays*.

Quand il devient beaucoup trop coûteux d'assurer sa

puissance en poursuivant la tendance autarcique en même temps que l'activité de *prédation* (pour simplifier), mieux vaut échanger en se plaçant le mieux possible dans la circulation des biens et des idées, en proposant aux autres ses propres symboles ou en digérant les symboles extérieurs, etc. De ce moment, les entités géographiques ne se définissent plus comme des surfaces globales que sont les pays mais comme des réseaux dont les lieux sont les connexions. C'est le lieu qui compte, participant plus ou moins aux flux et dont la position est clairement identifiable. La prédation n'est plus l'activité dominante, celle qui donne le pouvoir ou oriente son exercice. La *participation* lui a succédé. Alors la géographie passe de la mesure des ressources localisées à celle des interactions, beaucoup plus intéressante en termes politiques. En effet, la géopolitique soumet entièrement l'action à la stratégie militaire et diplomatique (géostratégie) ou administrative (aménagement du territoire et éventuellement découpage électoral). La géographie des interactions, quant à elle, doit envisager tous les acteurs, y compris ceux de la société civile, dont les stratégies peuvent être concurrentes ou convergentes en termes de lieux, toujours plus complexes. Les acteurs géopolitiques restent à leur besoin de puissance interne et externe, traitent le territoire selon cet impératif et simplifient les enjeux par l'opposition du *à moi* et du *à toi*. Les acteurs en réseau, eux, militent pour la position, pensent en même temps le lieu et le monde et cherchent à minimiser le coût de la surface qui constitue une distance supplémentaire et un poids.

La métrique permettant de mesurer l'activité sociale des acteurs en réseau (appartenance interne et relations avec l'extérieur) est de type topologique sur les deux faces (position dans le réseau, connexions ou non au réseau). L'impératif territorial semble disparu, lui qui est approximativement lié à une métrique interne de type topographique. Ce n'est pas encore si simple. Retenons pour le moment que toutes les activités sociales ne s'inscrivent pas de la même manière dans l'espace, non seulement du fait de dispositions à caractère « culturel » mais du fait de leur nature même. C'est comme affirmer que l'espace de production n'a ni la même structure ni la même forme ni la même extension que l'espace de circulation. Pourtant les deux se rencontrent ! Même l'économie réelle et la sphère financière conservent quelques attaches et peuvent se lier, y compris dans des réactions erratiques. N'en va-t-il pas de même dans le champ du politique ? Non seulement les espaces se rencontrent comme se rencontrent les différents secteurs de la vie sociale, mais peut-être appartient-il justement au politique d'encore organiser l'interaction, pour le profit de tous. Question de responsabilité qui s'accompagne d'un prolongement. Jusqu'où ? C'est alors un problème de définition de la société. Nous y revoilà.

Un groupe humain, un territoire, l'exploitation des ressources, le partage des tâches et la coordination : une société globale, quels que soient son nombre et son étendue, se définit par l'interaction des différentes fonctions productrices de société. Aux deux extrémités de la liste des composantes sociétales se situent les limites de définition. Ou bien le groupe humain existe en soi avec tous ses attributs ; ou bien il est le résultat de l'entrée en interaction de diverses fonctions sociales et l'on voit mal comment la fonction politique pourrait ne pas être la résonance de l'événement déclencheur : une guerre, une conquête de peuplement, une révolution... [1].

---

1. Collectif, *La société civile,* Paris, CURAPP/PUF, 1986.

Or, pour obtenir l'interaction maximale entre les différentes fonctions sociales, il est nécessaire de les contenir dans les mêmes limites. La production d'une société est territorialisante en ce sens. Le politique, qui porte la responsabilité des choix, ne peut se satisfaire d'une dilution des conséquences d'orientation dans un horizon illimité au risque de perdre toute légitimité et éventuellement tout sens. Dans la réalisation d'une société par l'exercice politique, se trouvent incluses l'exhaustivité tendancielle et la limite qui sont la conjonction de la légitimité et de la responsabilité. L'exclusivité n'en est qu'une conséquence non nécessaire.

Ce mixte sociétal qui soude société civile et société politique en une totalité indissociable est viable dans des conditions de dimension qui sont très variées. Selon la base économique et la volonté de monde, tout peut changer, la dimension topographique, la métrique sociétale, l'échelle du fonctionnement englobant. Agriculture, mine et puissance doivent disposer d'un territoire vaste et exclusif ; échange et richesse se contentent de petites dimensions à la condition d'une forte densité (toutes les fonctions sociétales dans un réduit éventuellement) et d'une connexion bien établie avec une grande variété de lieux ; industrie et développement situent les besoins géographiques d'une société à mi-chemin de la réserve d'espace et du lieu en s'orientant vers le contrôle des ressources sans obligatoirement passer par l'appropriation. Alors les positions ne sont pas les mêmes : fermeture et accumulation dans le premier cas, nous pensons là aux empires « militaires » ; ouverture et participation dans le second, les cités marchandes s'y retrouvent ; en position intermédiaire, l'État balance entre la territorialité topographique et l'organisation de l'échange lorsqu'il ne fait pas la guerre. Dans le continuum de ces situations, les choix apparaissent comme des intersections du politique et du géographique, en imprimant à la société une métrique et une échelle d'existence et de fonctionnement qui définissent son identité.

L'invention du monde continue donc à la mesure de la volonté qu'expriment les acteurs dominants. Il est certes fini, le monde, par son support, mais il change sans cesse de forme autant que ses éléments changent de position. Il est fini mais la complexité gagne avec le croisement des phénomènes contradictoires de mondialisation de certains secteurs des sociétés, matériels surtout, et de contre-mondialisation d'autres secteurs, culturels au sens identitaire. Mais il fut aussi des époques où les idées ont davantage circulé que les produits. Les identités locales qui ont ainsi accumulé des héritages d'origine et d'époque variées, en atteignent l'infinie diversité. Alors, outre le découpage simplificateur en surfaces contiguës, des plans d'organisation peuvent être aisément compris et déchiffrés : le monde des identités culturelles séparées, le système interétatique, le marché mondial hiérarchisé, l'information mondiale. Nous y retrouvons territoires et réseaux. Les interactions entre les plans sont même identifiables : insertion, inclusion, intégration, différenciation, fragmentation, enclavement... [1]. Mais, à partir du moment où une fonctionnalité sociétale se place à l'échelle du monde et dans la métrique des réseaux, une conséquence doit être tirée. L'impératif territorial étant coextensif de la fonction la plus englobante, l'organisation de la complémentarité et de la concurrence, le respect ou l'anéantissement des différences, tout cela se joue

1. Marie-Françoise Durand, Jacques Lévy, Denis Retaillé, *Le monde, espaces et systèmes*, *op. cit.*

désormais à l'échelle du monde et concerne chaque lieu.

Vers l'équité spatiale

L'impératif territorial a été technique et cartographique pendant la période de découverte. Le savoir a guidé le pouvoir et l'a parfois installé. Difficile de dire que le politique, qui est tout de même encore le lieu du pouvoir, doit, maintenant que le monde est plein, guider le savoir ou en susciter de nouveaux développements (c'est la déviation de la géopolitique). Pour moi, c'est juste à côté du politique que s'établit la relation pouvoir/savoir et la définition d'une science (géographique) du politique. Le problème nouveau que nous pensons ne pas savoir/pouvoir résoudre de manière réaliste, la concomitance de la mondialisation des phénomènes et de la fragmentation des identités, propulse la pensée de l'universel vers l'éthique et la délimitation du niveau local vers l'identité. Cela réduit le champ d'investigation d'une nouvelle géographie. Entre l'éthique et l'identité se développe l'action politique qui est gestion et orientation des distances séparant les deux bornes. Voilà un champ géographique. Entre le monde et le lieu, tous les niveaux intermédiaires ne sont que constructions et étapes stratégiques selon le nouvel impératif territorial qui engage la responsabilité des acteurs dans les deux directions. Voilà un champ politique.

Jusqu'alors, la coalescence des sociétés avait été simplement traitée par la contiguïté parfaite et la première formule de l'impératif territorial. Maintenant, c'est la coalescence des plans de la société qu'il faut inventer. Quelque chose qui ressemble au fédéralisme horizontal, c'est-à-dire à l'assemblage de sociétalités inachevées ou incomplètes en des lieux imparfaits, un peu fuyants, et de dimensions très variables [1]. Quelle justice et quelle légitimité dans ce monde apparemment mal ajusté ? Les rebondissements ne cessent jamais. La question est même mal posée. La justice et la légitimité peuvent-elles être le ciment de ces morceaux de mondes établis sur des plans disjoints ? Je n'entrevois qu'à peine les implications d'une telle réflexion, malgré Rawls [2].

Depuis que se pratiquent l'aménagement du territoire ou les politiques d'aide au développement, les géographes évoquent la justice spatiale [3]. Elle peut prendre deux allures assez différentes qui ne sont pas sans rappeler l'opposition des métriques et l'enjeu fondamental de l'impératif territorial. Ou bien, cas le plus fréquent et aussi le plus trivial, on pense à l'égalisation des stocks par portion d'espace (des « régions » de même étendue, ou de même population, ou de même puissance, disposant des mêmes structures, etc.), la « départementalisation » pour tout dire ; ou bien la complémentarité et la concurrence sont privilégiées en préservant la différence, mais dans l'équivalence des situations (égale faculté de choix, égale faculté d'ouverture ou de fermeture, etc.) en plaçant tout lieu dans la position de participer au mouvement d'ensemble. Le territoire ou le réseau se retrouvent, le saupoudrage ou l'entraînement, la campagne ou la ville : les aimants du balancier des politiques géographiques sont partout les mêmes. À l'échelle globale, deux utopies, c'est le lieu de le dire, peuvent se développer.

---

1. Jacques Lévy, *L'espace légitime*, Paris, Presses de Sciences Po, 1994.
2. J. Rawls, *Théorie de la justice*, [1971], trad. française, Paris, Le Seuil, 1987.
3. A. Reynaud, *Société, espace et justice*, Paris, PUF, 1981.

La « départementalisation » du monde, c'est la transformation des territoires hérités ou inventés en circonscriptions de gestion des stocks disponibles ou alloués. Les « départements » (territoires) peuvent être regroupés en « régions » mondiales pour tirer profit de proximités ou dépasser des seuils d'économie d'échelle et d'efficacité. C'est la voie ouverte par le fédéralisme vertical, qui reconnaît à chaque palier une compétence totale dans la limite des règles reconnues par tous. Mais la concentration du lieu de décision et l'élargissement de ses compétences peuvent transformer le monde « départementalisé » en empire-monde.

La « polarisation » du monde c'est, à l'inverse, si l'on peut dire, l'attention portée aux lieux (à l'échelle locale de l'apparition de la société globale) et à leur interaction. Mais l'émergence sociétale ne se fonde pas partout sur les mêmes principes ; un même individu peut, en outre, appartenir à plusieurs « sociétés » et à plusieurs « lieux », certains définis par la culture, d'autres par le fonctionnement économique ou politique. Alors les métriques comme les échelles s'embrouillent. C'est le domaine de la multiple appartenance qui ne trouve de solution que dans la réduction asymptotique des distances – toujours l'impératif territorial – par la ville globale désormais [1]. Nous y voyons se combiner les trois opérations élémentaires qui cernent l'activité géographique, dont la hiérarchie varie avec la volonté de monde. Localiser, découper, relier.

La science politique a privilégié l'État dans son observation des relations internationales pour, dit-on, atteindre le statut de science positive, rendre possibles des mesures, aller et venir entre théorie et vérification empi-

1. M. Guillaume, *Une fin de siècle épidémique*, Arles, Actes Sud, 1992.

rique [1]. Elle se confinait dans un espace solide pour acquérir une sécurité de mécanicien. Une grande attention portée à ce que les acteurs disent d'eux-mêmes, ce qu'ils sont, ce qu'ils font, comment ils sont et comment ils font, ouvre un nouveau champ scientifique, considérablement élargi en termes spatiaux. Cette libération géographique nous affranchit de l'unique référence à l'espace matériel. C'est de la plus grande conséquence si l'on songe à la transposition dans l'action. Examiner la conscience et l'intentionnalité des acteurs ne suffit plus. Il faut aller jusqu'à construire le champ collectif, qui est le monde, par la substitution de l'acte à l'esprit, de la réalité du mécanisme subjectif à l'idéal de la conscience [2]. Dans cette perspective, le territoire qui a d'abord été ressource puis empire devient effectivement un lieu et approche de la légitimité.

1. Bertrand Badie, Alain Pellet (dir.), *Les relations internationales à l'épreuve des sciences politiques. Mélanges Marcel Merle*, Paris, Economica, 1993.

2. Marcel Gauchet, *Le désenchantement du monde*, Paris, Gallimard, 1985.

Chapitre 7

L'espace légitime ou la conscience des formes émergentes

« C'est nous qui avons créé le monde qui concerne l'homme. »

Friedrich Nietzsche, *Le Gai savoir.*

L'espace, rappelons-le, est d'abord un intervalle. Si l'idéalisation des liens liant les lieux espacés conduit à « voir » des surfaces délimitées, ce n'est que représentation en application de la conscience. Piaget disait même que les concepts de l'espace ne sont que des actions intériorisées. Le territoire en est une espèce, par l'action d'appropriation. Au-delà de l'expérience, les formes plus générales d'espace ne peuvent être établies que par l'homogénéité d'un caractère mesuré ou par une polarisation. Dans les deux cas, l'espace géographique est différencié entre ici et ailleurs, cela marque le passage du lieu à l'espace, marque aussi la conscience de l'unité et de la différence.

L'espace légitime, pour reprendre le mot de Jacques Lévy [1], c'est l'ensemble des liens spatiaux qui expriment les règles de la société, les arbitrages et une équité minimale sans laquelle il n'est pas de construction sociospatiale possible. Quel critère choisir pour regrouper ou séparer, pour passer du lieu à l'espace ? C'est une difficulté constante en géographie, d'autant que les développements récents tendaient à montrer des lois de l'espace pur et non de l'espace des sociétés. Une nouvelle forme de déterminisme.

Quoi qu'il en soit, l'espace géographique est construit à partir de caractères repérés, localisés, à travers une disposition (distribution) et une dimension (répartition) de ces caractères. Pour mesurer une distribution, on mesure les distances, pour délimiter, on établit des seuils dans les caractères, c'est le passage d'une distribution statistique à une distribution spatiale, la plus délicate des opérations géographiques. Avec différents caractères, peuvent être établies des corrélations dont les distributions sont comparées selon des directions communes. Alors sont dégagés des processus majeurs d'organisation de l'espace. La polarisation d'abord, l'organisation proprement dite et le cloisonnement ou la différenciation, tout cela sur une surface euclidienne, avec la difficulté de ramener à une abstraction des espaces concrets qui peuvent être de nature très variée et interprétés différemment.

En traitant le lieu comme une unité de sens, nous nous étions enfermés dans la pure subjectivité. En prenant conscience de l'espace et même des utilisations possibles

1. Jacques Lévy, *L'espace légitime*, *op. cit.*

de la distance, comme la territorialisation par exemple, ce n'est plus seulement la subjectivité qui se montre mais aussi la relativité, ce qui est scientifiquement plus facile à traiter. C'est l'invention de l'espace moderne.

Depuis Descartes, le mouvement est une propriété, c'est la transformation de la distance. Mais si nous supprimons le temps du déplacement, pour ne conserver que le système synchronique des coordonnées, l'espace devient absolu. Avec Galilée, c'est un référentiel, un outil de mise en ordre. Mais ce n'est qu'un espace méthodologique et non une chose (pas un espace ontologique), c'est un outil de transfert pour mettre en ordre notre esprit et ses objets ; c'est la base de la modélisation [1]. Alors que nous avons formé notre esprit à la relation par la géographie spontanée d'abord, la géographie scientifique nous y ramène après un long épisode d'une géographie savante qui découpe et informe par accumulation.

L'espace géographique est un espace construit, c'est même un modèle dans lequel les lieux, éphémères comme nous les avons envisagés, prennent leur place, plus ou moins bien. Efficaces globalement et socialement, ils durcissent et deviennent durables ; décalés dans le modèle qui fait le ciment, ils s'évanouissent pour renaître à tout moment, lieux de liberté, toujours circonstanciels, inventions permanentes. Il n'est pas grand-chose d'écrit à la surface de la terre, en tout cas jamais les noms et les limites ne sont tracés au sol comme ils le sont sur nos cartes. L'espace est un réseau de signes que j'ordonne comme une représentation. Géographe, je prends un recul, une distance et je m'observe choisissant des indicateurs et des mesures. En tentant de me justifier.

---

1. Jean-Marc Besse, « L'espace de l'âge classique, entre relativité et représentation », *L'Espace géographique*, 4, 1995, p. 289-301.

Ce qui m'expose à un jugement dans lequel se mêlent opérationalité de la connaissance, efficacité, valeur, éthique. La géographie est philosophie du monde de l'homme, disait Camille Vallaux [1].

Ça a commencé comme ça. Un jour il y a la vie ou d'abord il y a la vie, c'est au choix, et son horizon pour ce qu'il nous importe. L'horizon de la vie ? C'est la mort ! Réponse d'une conscience déjà distanciée et pleine de l'expérience accumulée. Pourtant, avant la mort, l'horizon de la vie c'est le monde, une distance finie dans sa dimension terrestre, mais extensible, qui sépare ma vie des autres vies, la vie des autres, et qui confine les vies, la vie, en deçà de la distance véritablement infinie, la dimension de l'univers.

Au monde, sur la terre, la distance est finie et peut même être réduite. Alors le monde s'élargit jusqu'à cette limite infranchissable de la distance infinie, toujours repoussée. Ça s'est passé comme ça. Lorsque la distance à parcourir a été parcourue, l'horizon a disparu, la vie a rempli le monde comme une conscience navigant entre l'origine et le terme. À ce moment du monde plein de vie, et seulement, l'horizon devient la mort. C'est le parcours du monde, le franchissement de la distance finie qui conduit la vie au seuil de la distance infinie. Autant dire que la conscience de soi n'apparaît qu'avec la maîtrise de la distance qui détourne le regard de l'horizon du monde vers l'horizon du temps. Les concepts de l'espace y aident, qui sont des actions intériorisées avec la vue comme support de l'expérience avant que d'être représentations. Le statut si spécifique de la carte tient au prolongement du sens de la plus longue portée et les niveaux de conscience pourraient être métaphoriquement

1. Camille Vallaux, *Les sciences géographiques*, Paris, Alcan, 1925.

ramenés à une inégale capacité du voir au-delà de l'horizon. Cela s'apprend au long d'un chemin de la connaissance qui a été un itinéraire collectif conduisant à la rencontre de la plus grande diversité. C'est la raison fondamentale d'en soigner les procédures d'apprentissage qui sont le plus souvent sabotées pour laisser la place au matraquage de poncifs bourgeonnants. Une raison pratique et, très vite, une raison politique.

Qu'est-ce que le monde ? En s'en tenant à l'activité spontanée, c'est l'application de la vie, de la vue et du verbe à une dimension de l'expérience des hommes, la distance qui sépare. Le monde est cette idéalité de la pensée arrêtée en un lieu qui peut aussi bien désigner l'horizon que les antipodes, toutes choses très fuyantes lorsque avec la conscience que la distance sépare, un déplacement est tenté. Il faut cette idéalité pour fixer ici et ailleurs. Car, avec moi, ici se déplace. Mais je ne suis pas seul. En me déplaçant je rencontre l'autre qui peut bien me signifier ma différence puisque je viens quand lui est déjà là. Toutes les places ne se valent donc pas. Non qu'une bénédiction ou qu'une malédiction les aient touchées. Toutes les places ne se valent pas parce que les morceaux de terre supportent l'identité par ici et ailleurs. Jusqu'où suis-je à ma place ? Tout dépend. Pour dormir ou commercer, visiter ou exploiter. Prendre. J'ai bien conscience que la distance sépare. Mais lorsque je la franchis, je l'annule pour être toujours ici, même quand je ne suis pas d'ici. J'appelle monde ce lieu indéfini que j'atteins sans arrachement et où je peux prendre au moins l'air et l'eau, parfois place et même racine.

Le lieu, le monde ne sont-ils pas deux dimensions d'une même propriété, celle de la distance annulée par la conscience. Faire de la géographie, comme on dit, spontanément avant même que « scientifiquement », c'est alors tracer les chemins qui lient les lieux en passant par les repères reconnus que sont la tribu et ses signes, l'État et ses codes, la civilisation et ses canaux. Autant de filtres, à l'expression de mon individualité, autant d'unités, autant de lieux qui n'ont pas forcément la surface comme forme, qui ne sont même pas rivés à la nature. Ce ne sont que conventions ou modèles auxquels j'adhère. Plus ou moins. Le monde n'est pas une somme finie parce que son support physique l'est ; c'est au contraire l'infinie combinaison de mes environnements et de mes actes dans une extension qui est finie, pour le moment. Le monde n'est pas une mosaïque mais un kaléidoscope. Son allure change avec l'orientation de la lumière ou du regard. Mais alors le monde n'est pas ancré dans la terre, il n'en a pas l'immobilité ni le déterminisme. Et si le regard, la lumière, même, en changent la forme, l'histoire est ouverte.

Il n'y a pas si longtemps cependant, la guerre a eu *lieu*, « nous étions des consciences nues en face du monde. Comment aurions-nous su que cet individualisme et cet universalisme avaient leur place sur la carte ? [1] ». Le monde comme idéalité est nécessaire à la vie et à la conscience. C'est un message d'optimisme. Mais si le monde du géographe est une idéalité parfaitement ordonnée, il faudra bien prendre garde à la différence qui sépare l'idéalisme de l'angélisme mais aussi à l'aimantation qui le rapproche de l'idéologie bornée et singulièrement de tout ce qui se couvre de naturalité.

Être vivant et conscient, je suis une intersection de la vie et du monde. Ces deux références n'ont pas le même statut, il faut se le rappeler : un seul est animé, l'autre est habité, la conscience de soi créant le lieu,

---

1. Maurice Merleau-Ponty, *Sens et non sens* [Nagel, 1966], Paris, Gallimard, 1996, p. 169.

unité et circonstance d'où le monde prend forme. D'abord des frasques d'enfant, puis, de découverte en découverte, l'affirmation de la vie par l'expérience et la pensée du monde, jusqu'à la mort avec le temps. C'est la fable de Pinocchio, une géographie en forme de trajectoire. J'ai pris conscience de moi. J'ai cru parcourir la distance qui me sépare du monde. Toutes les vies ont-elles pareillement circulé ? Suivant quels itinéraires ? La matérialité de la terre s'impose-t-elle à la conscience de chacun, la déterminant et l'inscrivant dans une nature dont la surface est connaissable mais les fins à jamais obscures ? Ou bien est-ce l'expérience qui offre au monde son contour, en partie lié à la matérialité et en partie lié à l'imagination et à l'idée de celui qui, par le rêve, la raison ou le calcul, guide la découverte, nomme et classe.

Le savoir et la connaissance

Les mots sont ceux qui me disent comment connaître : continent, pays et les autres sont de ceux-là, très faibles cependant. Plus forts, les noms propres entraînent un cortège d'images, de bruits, d'odeurs mais aussi des fureurs ou des désirs. Des couleurs simples s'imposent finalement : l'expérience a versé dans la valeur et le symbole. Même le tableau de la marche s'en ressent, lassitude de la monotonie plane, excitation de la découverte au passage de la crête ou de l'éperon. Mer vineuse, mirage de l'horizon brûlant. Angoisse et attrait. Puis, arrêté et fouillant la mémoire, je ne peux plus me rappeler que le semblable. Je suis allé d'un port à un autre port, ou de puits en puits, toujours pour finir d'une maison à une maison (ou ce qui en tient lieu). Ce qui en tient lieu, c'est le monde que je n'ai pas quitté, les choses asservies par l'usage [1] et les autres (les êtres, les semblables) qui ne le sont pas moins.

Las, il m'apparaît nécessaire de répéter qu'avant que se développe une géographie raisonnée, voire scientifique, il se pratique une géographie spontanée qui imprime une marque culturelle très profonde dans l'objet même de notre réflexion. Traitant du monde, la géographie savante aurait dû être un lieu de rencontre et d'échange entre géographes aux héritages et aux pratiques diverses, une « république » qui ne se limite pas à l'accumulation des découvertes partielles mais s'organise pour répondre à la seule question : « Y a-t-il de la distance ? » Cela n'a pas été le cas. Il lui est arrivé le même accident qu'à l'économie politique quand les auteurs ont commencé à croire qu'il existait une rationalité pure. Le marché pour les uns, comme l'espace pour les autres, devaient guider les actions individuelles agrégées en meilleures solutions globales, celle de l'efficacité économique mesurée en richesse produite [2]. Alors que la géographie scientifique, à sa naissance, prenait place parmi les sciences morales et politiques, elle est devenue une science naturelle par le poids de la géographie physique d'abord, puis par l'orientation spatialisante exclusivement tournée vers les mesures euclidiennes de la distance. L'individu-sujet est-il libre, parfaitement rationnel ou seulement raisonnable et calculateur ? Les jugements diffèrent considérablement et l'organisation de l'espace géographique résulte probablement de la confrontation des rationalités et des consciences plutôt que de lois physiques. C'est pourquoi,

1. Roland Barthes, « Le monde-objet », dans *Essais critiques* [1953], Paris, Seuil, 1964.

2. Adam Smith, *Recherches sur la nature et les causes de la richesse des nations*, 1776.

des lois de l'espace, il ne faut probablement retenir que celles qui deviennent lois de la société. Il y a débat sur ce point pour décider si la rationalité géographique s'épuise dans la rationalité spatiale. Il y a même de l'utopie dans la géographie qui veut rendre visible l'existence des autres non comme au zoo mais comme dans la vie. Le mépris de la différence ; par une recherche trop limitée de la généralité au détriment de l'universalité, dont les manifestations sont toujours singulières, n'est pas seulement stérile, il est aussi contre-productif par réduction du spectre des interrogations.

Il est urgent, pour la géographie, de rendre ses savoirs socialement utiles en les libérant des carcans de la reconnaissance qui enferme dans l'identique. La citadelle scolaire et même universitaire, dans laquelle elle est chez nous encore remparée, l'a protégée un temps des révisions déchirantes. C'est devenu une prison étouffante quand la répétition formelle a perdu tout contact avec la réalité. Le monde se transforme et le piège du dogmatisme risque fort de se refermer sur nous, lorsque des paysages et des milieux stéréotypés sont toujours à la base de l'apprentissage de la terre, lorsque des concepts usagés restent centraux dans des représentations dépassées. Faut-il réduire la connaissance à l'ignorance acquise, la limiter au savoir académique ? Non sans doute. Je vois alors deux sorties. L'une qui est scientifique et plus précisément méthodologique : la méthode fédérative ; l'autre qui est sociale et porte sur un objet décalé : la volonté.

La méthode fédérative part du principe qu'un objet de connaissance ne peut être contenu dans une seule catégorie et qu'il ne peut être délimité par une unique discipline de pensée [1]. Un objet ne prendrait corps

1. Edgar Morin, *Le paradigme perdu*, Paris, Le Seuil, 1973.

qu'éclairé de toutes parts, les différentes attaques étant disciplinaires : autant d'expériences possibles d'un même problème. Quoi observer alors sinon ce qui meut les expériences elles-mêmes, des volontés. En observant des volontés à l'œuvre, nous déchiffrons des expériences et les objets qu'elles créent. Il s'agit bien de connaissance, la rencontre des volontés, dont l'éthique est tendue entre efficacité et liberté, au croisement de l'intention et du déterminisme.

Le passage à l'acte

La mise en application des savoirs selon la finalité première du « bon gouvernement » a, pendant un temps, échappé au champ de la géographie. Il a fallu attendre l'aménagement du territoire pour que se renouvelle la conscience de la responsabilité. Mais il reste assez peu commun qu'un géographe *ès qualité* se trouve confronté à l'action. Cette position est encore un peu plus singulière dans la perspective du développement ou du transfert. Dans cette circonstance « extrême », la relation complexe de la connaissance et de la volonté d'agir se trouve constamment sollicitée tant au plan de l'éthique qu'à celui de la pratique, c'est-à-dire de l'efficacité. Voilà une inquiétude salutaire, toute pleine d'interrogations, derrière une apparente sécurité que la proximité de l'objet pourrait assurer : le « terrain », comme disent les géographes. Pour l'auteur de ces réflexions, il a été l'occasion de constants décalages qui ne sont pas pour rien dans l'orientation de tout ce qui précède. Le terrain, c'était le Sahel et le Sud du Sahara.

Les itinéraires de recherche et les quelques rares interventions dans l'action ont très vite souligné la question de la légitimité du « savant » autour de trois problèmes :

la définition d'une situation, le sens du développement, la compréhension des nécessités ou déterminismes, selon un vocable ambigu en géographie. Ils peuvent être pris de front mais c'est dans les pratiques circonspectes qu'apparaît la seule position scientifique tenable, celle qui consiste à juger du juste et du faux sur la base d'hypothèses clairement formulées. Trois exemples illustrent cette attitude [1].

1. La définition d'une situation comme celle du Sahel a occupé une longue période de la recherche impliquée, couvrant aussi bien des questions de développement que les problèmes politiques et géopolitiques. Un objet géographique comme le Sahel est le plus souvent défini par une délimitation pluviométrique, ce qui est notoirement insuffisant, et par une confrontation entre pasteurs et paysans, ce qui est simpliste. Cela se dit depuis quelques années maintenant, mais les stéréotypes se défont difficilement. C'est dans la nature des lieux que la propriété sahélienne apparaît le mieux : la mêlée ethnique, la rencontre des hommes, la relation, l'échange. Jean Gallais reconnaissait une « sahélité » dès le début des années soixante-dix, en observant les réactions des pasteurs et des paysans face à la sécheresse [2]. Mais ce n'est visible qu'à la condition d'une descente vers les pratiques « locales » qu'une cartographie générale néglige totalement lorsqu'elle ne retient que des indices « matériels ». Il a fallu, pour en prendre conscience, vivre la relation

1. Denis Retaillé, *Représentations et enjeux du territoire au Sahel*, 6 volumes multigraphiés, Rouen, 1993 ; Pierre Decoudras, *Itinéraire et géographies*, multigraphié, Bordeaux, 1996.

2. Toute l'œuvre sahélienne de Jean Gallais est à méditer et à poursuivre. Sur ce sujet, plus précisément, lire : *Stratégies pastorales et agricoles des Sahéliens durant la sécheresse 1969-1974*, coll. « Mémoires et Documents du CEGET », CNRS, 1977.

permanente des deux modalités d'occupation de l'espace jusqu'alors affrontées dans les représentations qui en étaient proposées. En évitant de s'interroger d'abord sur la nature géographique du Sahel, fixé *a priori* comme une zone, quelques secrets se livrent par les lieux, suffisants pour établir une nouvelle posture de recherche : impossible de désigner une exclusivité, impossible de classer selon des découpages spatiaux qui seront toujours arbitraires. Pas plus la nature que la société dite ethnique ne fournissent de cadres incontestables. En revanche, la réactivité de la société locale au questionnaire ou à la représentation progressivement établie pendant les entretiens de recherche met en lumière une géographie fluctuante selon les thèmes abordés. Prendre le recul de l'observateur se limite alors à reconnaître la relation entre les formes spatiales émergentes, ici des réseaux le plus souvent, et les fonctions sociales sollicitées : la production, l'échange, la solidarité. Le problème du transfert des connaissances pour l'action s'en trouve bien posé mais il ne s'agit plus de l'application d'une rationalité unique qui serait spatiale ou économique ou technique. Il relève du politique et de la légitimité puisque des choix sont nécessaires. La construction de barrages ou le fonçage de puits mécanisés ne sont pas les solutions évidentes à la sécheresse. La découverte géographique est ici la montée progressive d'une conscience de la société locale devant les contraintes globales, sociales elles-mêmes (l'État, le marché international, l'aide au développement) ou physiques (le climat, l'espace discontinu).

2. Fort de cette expérience et de cette nouvelle conscience, le géographe peut-il définir un dispositif spatial porteur de développement, qui serait incontestablement efficace selon des principes universels et qui ne

rencontrerait qu'adhésion ? Le scientifique peut-il tirer, de la connaissance, la définition du progrès ? C'est en allant à l'extrémité de sa contribution possible que le chercheur sent la nature d'une pareille interrogation. L'examen des thèmes de la rébellion touarègue, la revendication du territoire et le programme d'organisation, comparés aux répliques spontanées de la population (dispersion, multiplication des lieux de solidarité), permettent de se faire une idée de la situation et d'aller jusqu'au jugement. Existe-t-il un pays touareg « authentique », inscrit dans la nature et dans le passé ? Répondre à une telle question suppose une définition préalable de « pays ». En retenant l'exclusivité et l'exhaustivité comme les propriétés d'un tel médium social, il faut se rendre à l'évidence que l'affirmation est insoutenable. Le passage au territoire peut-il constituer un développement politique ? Il est déjà difficile de définir le développement politique [1]. Quant à savoir si le territoire, avec les caractéristiques que nous lui avons reconnu, le promeut ou le facilite, c'est encore plus délicat. Surtout s'il faut dire que c'est le passage obligé. Gardons-nous de trancher, et contentons-nous de montrer comment les stratégies de survie et d'identité sont beaucoup plus nombreuses, chez les Touareg tout spécialement, et poussent à conclure que la légitimité politique ne relève pas d'une démonstration scientifique mais de l'exercice des volontés d'acteurs.

Mais si le territoire ne semble pas la forme la mieux adaptée à l'identité des sociétés présentes et à leur cohabitation pacifique, si le réseau retrouvé de la circulation méridienne qui traverse la diversité est mieux approprié, il nous faut aussi identifier qui est porteur de ce projet :

---

1. Blandine Kriegel, *La politique de la raison*, Paris, Payot, 1994.

pour le moment, la solidarité islamique qui ne brille pas par son pacifisme, en son sein même. Comment traiter la contrainte de la sécheresse et de la faiblesse des productions ? Comment traiter la difficulté de stabiliser des sociétés dans l'espace comme dans leur identité ? Le géographe fera-t-il un choix ? La science ne peut être législatrice, on l'admettra. On ne vote pas pour la vérité et, pourtant, le personnel politique ne se prive pas, évidemment, de pêcher dans les savoirs scientifiques quelques argumentaires de poids et le scientifique n'a pas le droit de suite. Parvenues dans le domaine public de la connaissance, quelques bribes, même caricaturées, de ses démonstrations ne lui appartiennent plus vraiment. La prudence et la circonspection s'imposent donc, en géographie, le long de ce bord vertigineux que l'on nomme « géopolitique ». Les savoirs sont là, instrumentalisés, qu'il s'agisse de géographie (physique le plus souvent), d'histoire, d'ethnologie. La conscience différente du monde que nous pouvons nous forger par l'exercice intellectuel, par le dépassement volontaire de l'horizon n'a pas toujours les résonances attendues.

3. Mais les systèmes sociaux et spatiaux étant enclenchés, le scientifique peut-il déterminer les nécessités ou simplement les contraintes qui accélèrent ou freinent les projets des sociétés sur elles-mêmes ? La réponse est aussi très nette ; un travail sur les oasis ou plus généralement sur la gestion de l'eau et des cuvettes à mare l'évoque bien. Les méthodes d'enquête qui s'organisent autour de la représentation amènent à la connaissance des blocages dans la rationalisation économique et technique de l'espace de production. Mais pourquoi la rationalisation de l'utilisation de l'eau agricole apparaît-elle si impérieuse ? C'est qu'à côté des quelques dizaines de litres que réclame quotidiennement

la survie dans un espace réservé à la circulation, le passage à une économie de production impose un bouleversement qui renforce la contrainte physique de la sécheresse et de la semi-aridité. Quelles sont les ressources, quelles sont les consommations, où les économies peuvent-elles être le plus efficacement réalisées, à quels coûts et pour qui ? Voilà ce que le géographe, ou plus globalement l'observateur, saura dire. Dans son éclairage de la situation se trouvent à la fois l'efficacité – une action se juge d'abord à ce résultat – et la désignation de la responsabilité – elle n'est pas celle du technicien ou du savant mais du décideur. Au Sahel, le choix est à faire entre production et circulation. En ayant reconnu les contraintes pesant sur l'une ou l'autre des options spatiales, l'efficacité des décisions peut être décidée. Cette géographie devient appliquée.

À travers ces trois problèmes et les exemples qui les illustrent se trouve ramassée la grande leçon apportée par les chercheurs « impliqués » (le plus souvent ignorés dans les activités du développement) : les savoirs atteignent la pleine légitimité lorsqu'ils sont communs, partagés par le « public ». Or, la finalité même de la recherche consiste bien souvent à lutter contre des « vérités » dépassées ou abusives. La connaissance ne pourrait donc être une bonne base de développement qu'en montrant son efficacité à l'épreuve de l'action. Alors que la discipline géographique est souvent mal identifiée, voilà des preuves que ses approches peuvent atteindre une grande utilité en contribuant à la conscience du monde. C'est à rappeler et à montrer au moment où se réaffirme la finalité d'éducation civique.

La laïcité scientifique

Dans une science humaine, le débat pourrait se concentrer sur une opposition entre connaissance et savoir, entre ce que je vis et ce que je sais. Mais s'agit-il bien de cela ? C'est vrai, la connaissance laisse échapper quelques relents d'ésotérisme, alors que le savoir, dégagé des scories de la croyance, serait seul l'œuvre de la raison. Pourtant, privilégier la connaissance ne signifie pas qu'il faille s'en tenir à l'empathie et à l'intuition, mais qu'il faut légitimer le savoir. L'histoire du développement des sciences et singulièrement des sciences humaines (mais c'est vrai aussi des sciences de la nature) est parallèle à l'histoire de la connaissance de soi ; la société n'est pas sans orienter la science par les questions qu'elle se pose à elle-même, par l'outillage qu'elle rend disponible et par l'utilité finale qu'elle apporte aux « découvertes » qui ne sont, le plus souvent, que des manières nouvelles d'ordonner le réel. Or ce réel-là sort d'abord de la connaissance. Pas d'opposition, donc, mais une relation savoir/connaissance, du type science/conscience par où s'exerce la volonté.

Qu'est-ce donc qu'un savoir ? Une orientation de la connaissance, une finalité. La métaphore de la « loi », utilisée abondamment dans les discours scientifiques, est là pour nous le rappeler, même si la science ne se veut pas législatrice. Pourtant, coupée de ses prémisses, la science devient dogmatique, refoulant les bases sociales de son axiomatique ; elle devient système, remplaçant la religion d'église par la religion de laboratoire. « Les géographes, s'efforçant d'ériger en système la description raisonnée de notre planète, ont mieux réussi dans leurs méthodes de recherche en géographie physique qu'en géographie humaine. La matière humaine, surtout sous la forme collective et sociale, est d'une extraordinaire fluidité et les " humanistes " ne disposaient d'aucun outillage d'analyse comparable à celui que les sciences expérimentales et mathématiques avaient édifié pour pénétrer le secret des phénomènes de la nature. On se contente, en général, de faire très attention dès que l'on aborde en géographie humaine les relations de cause à effet. La causalité est bien délicate en notre discipline : mais le scientifique ne saurait se contenter, tel un chef de cabinet ministériel, d'apprécier la " délicatesse " des questions qu'on lui soumet. Il lui faut rechercher des moyens de pénétrer dans les brumes de cette causalité et il ne saurait se lasser de s'efforcer à les dissiper [1]. »

Or, si causes il y a, elles doivent relever de quelques processus fondamentaux, alors que les lois s'appliquant au fonctionnement des sociétés sont d'abord des lois que la société se donne, souvent contingentes, en tout cas attributs d'une structure sociale dont on peut difficilement nier l'historicité. Ce qui est à comprendre en géographie, ce sont les relations concrètes des hommes entre eux et des hommes avec la nature dans leur manière de régler les distances. Dans ces relations, la société n'est pas une abstraction vis-à-vis de l'individu mais une dimension de son être : la société est le domaine de l'intersubjectivité d'où l'expérience tire sa force (en d'autres temps nous aurions dit *praxis*) comme rencontre de la subjectivité de l'intérieur et de l'objectivité de l'extérieur. Les *objets humains* lient donc la matérialité et le phénomène, deux dimensions qui sont fondues dans l'existence et que la science sépare. La finalité d'une science laïque non dogmatique serait alors de rendre cohérent ce que nous vivons et ce que nous pensons pour

---

1. Jean Gottmann, « De la méthode d'analyse en géographie humaine », *Annales de géographie*, 301, 1947.

une vie plus responsable, ce qui ouvre la question de l'éthique.

La fréquentation du monde dans sa diversité conduit au relativisme et nous ne pouvons guère observer de généralité qu'à la condition de chausser les lunettes appropriées. C'est en soumettant toutes les sociétés et toutes leurs fonctions à la même investigation que des règles peuvent apparaître au rang de lois. En ramenant, par exemple, les fonctions sociales à la rationalité marchande, les calculs sont devenus possibles partout, et comparables. Des tentatives de même nature ont porté sur le bilan énergétique, réduisant les activités sociales à une physique élémentaire. Mais, dans le même temps, sont évacués toutes les intentions ou projets fondés sur d'autres bases que le calcul économique. Pour comprendre (évaluer) et agir, il nous faut encore introduire la culture. Pourtant, le culturalisme et l'exceptionnalité éloignent du monde en bouclant les systèmes de connaissance sur des stocks acquis : l'axiomatique des cultures. Là encore, le dogmatisme est embusqué. Nous sommes donc pris entre les déterminismes que le savoir peut présenter, culturels ou physiques, et la liberté qui se manifeste par des intentions. La valeur se trouve alors dans la réussite des intentions face aux déterminismes : l'efficacité. La question de l'éthique devient décidément plus brûlante lorsque le cynisme semble l'ultime posture du savant.

> « Un besoin du Non achevé... de l'Imperfection... de l'Infériorité... de la Jeunesse. »
>
> Witold Gombrowicz, *La pornographie.*

Printemps, Été, Automne 1996, Hiver.

Index des notions

Cadre bibliographique

Jean-Jacques Rousseau, *Du contrat social*, [1762], Paris, 10-18, 1973.

Emmanuel Kant, *Vers la paix perpétuelle*, [1795], Paris, Garnier-Flammarion, 1991.

Georg W. Hegel, *La raison dans l'histoire*, [1822-1830], Paris, 10-18, 1979.

Max Sorre, *Les fondements de la géographie humaine*, Paris, Colin, 1952.

Éric Dardel, *L'homme et la terre*, [1re éd., Paris, PUF, 1952], 2e éd. Paris, CTHS, 1990.

Jean Gottmann, *La politique des États et leur géographie*, Paris, Colin, 1952.

Maurice Merleau-Ponty, *Sens et non-sens*, [1re éd., Nagel, 1966], 2e éd. Paris, Gallimard, 1996.

Pierre Gourou, *Pour une géographie humaine*, Paris, Flammarion, 1972.

Emmanuel Lévinas, *Autrement qu'être*, La Haye, Martinus Nijhoff, 1974.

Maurice Godelier, *L'idéel et le matériel*, Paris, Fayard, 1984.

Marcel Gauchet, *Le désenchantement du monde*, Paris, Gallimard, 1985.

Jean Gallais, *Homme du Sahel*, Paris, Flammarion, 1984.
Blandine Kriegel, *La politique de la raison*, Paris, Payot, 1994.
Jacques Lévy, *L'espace légitime*, Paris, Presses de Sciences Po, 1994.
Bertrand Badie, *La fin des territoires*, Paris, Fayard, 1995.
Pierre Bouretz, *Les promesses du monde. Philosophie de Max Weber*, Paris, Gallimard, 1996.
Marc Crépon, *Les géographies de l'esprit*, Paris, Payot, 1996.

Table des figures

Collection Références

Références inédites

Philippe Braud, *L'émotion en politique.*
Gilbert Rist, *Le développement. Histoire d'une croyance occidentale.*
Denis Retaillé, *Le monde du géographe.*

Références académiques

Francis de Baecque, Jean-Louis Quermonne, *Administration et politique sous la Cinquième République.*
Georges Balandier, *Sociologie des Brazavilles noires.*
Jean-François Bayart, *L'État au Cameroun.*
Pierre Birnbaum, Jean Leca, *Sur l'individualisme.*
Guy Bois, *Crise du féodalisme.*
Jacques Capdevielle et al., *France de gauche, vote à droite ?*
Hélène Carrère d'Encausse, *Réforme et révolution chez les musulmans de l'Empire russe.*
CEVIPOF, *L'électeur français en questions.*
Michel Debré, Nicolas Wahl, *Naissance de la Cinquième République.*
Alain Dieckhoff, *Les espaces d'Israël.*
Michel Dobry, *Sociologie des crises politiques.*
Olivier Duhamel, Jean-Luc Parodi, *La Constitution de la Cinquième République.*
Jean-Baptiste Duroselle, *La France de la « Belle Époque ».*
Daniel Gaxie, *Explication du vote.*
Zaki Laïdi, *L'ordre mondial relâché.*
Rémy Leveau, *Le fellah marocain, défenseur du trône.*
Rémy Leveau, Gilles Kepel, *Les musulmans dans la société française.*
Jacques Lévy, *Géographies du politique.*
Jacques Mairesse, *Emploi et chômage.*
Nonna Mayer, Pascal Perrineau, *Le Front national à découvert.*
Yves Mény, *Idéologies, partis politiques et groupes sociaux.*
Janine Mossuz-Lavau, *André Malraux et le gaullisme.*
Marguerite Perrot, *Le mode de vie des familles bourgeoises,* 1873-1953.

Nicole Racine, Louis Bodin, *Le Parti communiste français pendant l'entre-deux-guerres.*
Bruno Rémond, *Sirius face à l'histoire.*
Pierre Renouvin, René Rémond, *Léon Blum, chef de gouvernement (1936-1937).*
Renaud Sainsaulieu, *L'identité au travail.*
Renaud Sainsaulieu, *L'entreprise, une affaire de société.*
Lucien Sfez, *Critique de la décision.*
Roger Thabault, *Mon village.*

Références OFCE

Jean-Paul Fitoussi, *À l'Est, en Europe. Des économies en transition.*
Jean-Paul Fitoussi, *Entre convergences et intérêts nationaux : l'Europe.*
Jean-Paul Fitoussi, Philippe Sigogne, *Les cycles économiques* (tome 1).
Jean-Paul Fitoussi, Philippe Sigogne, *Les cycles économiques* (tome 2).
Jean-Paul Fitoussi, Jacques Le Cacheux, *L'élargissement à l'Est de l'Europe.*
Jacques Le Cacheux (dir.), *Élargissement de l'Europe : la nouvelle vague.*
Pierre-Alain Muet, *Le chômage persistant en Europe.*
Taux d'intérêt et chômage. Deuxième rapport du GIPE de l'OFCE.
Pour l'emploi et la cohésion sociale. Troisième rapport du GIPE de l'OFCE.
Jacques Le Cacheux (dir,), *Europe. La nouvelle vague. Perspectives économiques de l'élargissement.*

Transcodé et achevé d'imprimer
par l'Imprimerie Floch
à Mayenne, en février 1997.
Dépôt légal : mars 1997.
Numéro d'imprimeur : 40991.
Imprimé en France.